生活有点难，你笑得有点甜

周檀 著

图书在版编目（CIP）数据

生活有点难，你笑得有点甜/周檀著.—成都：天地出版社，2020.10
ISBN 978-7-5455-5512-7

Ⅰ.①生… Ⅱ.①周… Ⅲ.①成功心理—青少年读物 Ⅳ.①B848.4-49

中国版本图书馆CIP数据核字（2020）第026371号

SHENGHUO YOUDIAN NAN, NI XIAO DE YOUDIAN TIAN

生活有点难，你笑得有点甜

出 品 人	杨 政
作 者	周 檀
责任编辑	王 絮　霍春霞
封面设计	古涧千溪
内文排版	思想工社
责任印制	葛红梅

出版发行　天地出版社
　　　　　（成都市槐树街2号 邮政编码：610014）
　　　　　（北京市方庄芳群园3区3号 邮政编码：100078）
网　　址　http://www.tiandiph.com
电子邮箱　tianditg@163.com
经　　销　新华文轩出版传媒股份有限公司

印　　刷	北京文昌阁彩色印刷有限责任公司
版　　次	2020年10月第1版
印　　次	2020年10月第1次印刷
开　　本	880mm×1230mm　1/32
印　　张	8.25
字　　数	200千字
定　　价	45.00元
书　　号	ISBN 978-7-5455-5512-7

版权所有◆违者必究

咨询电话：(028)87734639（总编室）
购书热线：(010)67693207（营销中心）

本版图书凡印刷、装订错误，可及时向我社营销中心调换只有让自己先修炼成"金刚不坏之身"，在未来的阳光或风雨中，你才不会迷失自己，走好脚下的路。

我们要做一个温暖坚强的人，浅浅笑，稳稳走。

PREFACE 序言

　　曾经听过这样一句话:"未到苦处,不信神佛。"

　　年少时对此不以为意,面对纷纭多变的世事摩拳擦掌、踌躇满志,等走过人生的第一个20年,我才慢慢知道了保持内心宁静的可贵。

　　我大概从什么时候开始写文章的呢?似乎是在上小学四年级的时候吧!记得在那一年,有一部名叫《神兵小将》的动画片在少儿频道热播。动画片演完后,我热泪盈眶,趴在家里兼有书桌之用的电子琴上连续写了3个晚上,一口气写完了将近三十页绿格稿纸,那就是我的第一部作品,是一本童话。于是,我开始一发不可收地写起来,写了很多童话,稿纸写完了一本又一本。

　　可是,当我快进入初中时,我那成沓的手稿被父亲发现了。父亲抬手指着窗外的电线杆对我说:"在咱们这样的家庭,你想靠写书挣钱,就跟想从这条电线上走到学校一样,是根本行不通的。"当时我没有立刻反驳父亲,却真真切切地为着如何顺着电线"滑"到学校想了好几天。

最终确认了自己没办法顺着电线滑到学校之后,我着实消沉了一段时间。好在少年人的特征就是"记吃不记打",上了初中之后,没过多久,我便又开始趁着夜深人静时,躲在被窝里,开着手电筒,偷偷地写文章,写着写着,墙上那本日历就往后翻过了10年。

10年岁月里,从10岁到21岁,经历过的跌倒、爬起、再跌倒、再爬起……我已经数不清有几重轮回。我长这么大,做仰卧起坐都没有这么频繁过。幸好我这个人从身体到心理都足够皮实。即便是跌倒了,大不了就在原地躺一会儿,之后还能爬起来继续跑、继续摔。

我跑了、摔了10年。直到今天,我终于可以坦荡地说,我开始在那根"窗外的电线"上走起来了,虽然我的行走速度可能比《龟兔赛跑》里的乌龟快不了多少,但是那又怎么样呢?世上的人皆烦恼,区别只在于,有些人深陷痛苦之中无法自拔,有些人却可以从泥沼中摸爬滚打地走出来。后者所不同的,就是看破和放下。

我们常常会莫名其妙地开始追逐一些东西,又莫名其妙地放弃一些东西。习惯性随波逐流、不够了解自己,这大抵就是一切烦恼的根源。对此,我的个人经验是:从你要追寻的目标中跳出来,看清它在这个世界上真实的位置。只有这样,你才不会被任何人或事物裹挟,不会因为得到而忘乎所以,也不会因为失去而痛不欲生。无论到何时,笑对生活永远是第一重要的事。不强求,不计较,做好一切之后顺遂天意。这不是要你活得消极,而是要你活得不争。

我做好该做的事情,至于结果好坏,那是天意,与我无关。这世界变幻太多,忙忙碌碌追逐云端的人也太多,不少我这一个。

前段时间,日本的"断舍离"火遍了中国人的朋友圈。人们常说，"断舍离"的本质在于"空"，我倒觉得"空"字不如"无"字更贴切，更有"拿起之后再放下"的清明感。

我们都需要给自己的心灵卸下些包袱，把那些烦琐费神的东西从心里清出去，留下宁静宽敞的地方，留给生活中更美好的东西。一切繁华都是由朴素生长而来，我们是时候返璞归真了。

假如你此时此刻刚好陷入了困境，正在饱受命运的折磨，那么我很想告诉你，尽管眼下十分艰难，可日后这段经历说不定就会开花结果。无论遇到什么，哪怕你此刻痛不欲生，你的日子捉襟见肘，请你一定要勇敢面对。在痛苦面前的微笑不是出于神经错乱，更不是被痛苦吓傻了，而是要笑给自己看：看吧，日历一页页揭过去，生活总会好起来的。你未来的模样，就藏在你现在的努力里。

世界那么美，好吃的那么多，有什么理由不多笑一笑呢？我不是有神论者，也不信奉什么宗教，可是我真的希望，与这本书相遇的你，虽然历经坎坷走过半生，却依然能乐观坚强、笑着奔跑。我也希望，我的文字能给同样年轻的你带来一点安慰，让你在身心俱疲时可以片刻相倚。

我们都在路上行走着，有时是一个人，有时也会有人陪伴。来来去去，都是因缘，不必有太多执念。

即使道不相同，仍然庆幸有你曾经相伴一时。

不说再见。

CONTENTS 目录

part 01

你所缺少的，只是迈出第一步的勇敢

生活都已经这么苦了，你为什么还要这么丧？别等到无可挽回时，才后悔自己不曾改变。现实和梦想其实近在咫尺，你所缺少的，只是迈出第一步的勇敢。

生活这么苦，你为什么还这么丧 / 002

不管多少岁，都是追梦最好的年纪 / 007

你没有变强，是因为一直很舒服 / 012

成功的路，就是专找罪受 / 016

你所谓的稳定，不过是一种侥幸 / 019

1

part 02

你的付出，让你变成独一无二的自己

你曾经走过的路、流过的汗，都不会被辜负，它们都会成为你气质的积淀，陪伴你走过一生。到最后，即使你的坚持和努力不能让你成为你最向往的人，你的付出，也一定可以让你变成这世上独一无二的自己。

奇迹不是想出来的，而是做出来的 / 026

太过悠闲，所以心慌 / 030

你可以佛系，但请成为斗战胜佛 / 035

别说你还年轻，一眨眼就老了 / 041

教养，是一个人最好的名字 / 047

成功和失败，差的只是一个放弃的距离 / 050

容易走的路都是下坡路 / 056

以梦为马，先让马跑一会儿 / 062

太累了，就躺下 / 066

part 03

走自己的路，
你就是自己的超级巨星

我们总是很容易看到别人的耀眼光芒，却忘记了，自己也是光芒中的一缕。你可以走自己的路、做自己的梦，过自己喜欢过的人生，没必要照搬别人的剧本来演自己，因为你就是自己的超级巨星。

我们的"自己"都去哪儿了 / 072

你不会"扔"，就得不到更好的自己 / 077

你什么都嫌贵，只会让自己廉价 / 082

这一次你可以不"懂事" / 088

你弱的时候，坏人最多 / 095

做自己的粉丝 / 100

承认平凡就是丢脸吗 / 106

记住，你不是生活的受害者 / 112

别让抱怨毁了你的一生 / 118

你现在的言行，就是你未来的人生 / 122

懂得为别人鼓掌,你也可以成为一道光 / 126

part 04

让别人认同与关注,你自己先要"值得"

优质高效的朋友圈不是主动求来的。要想让社交变得更有效,我们能做的是把握好前进的航向,然后努力提升自己。

喜传语者,不可与语;好议事者,不可图事 / 132
实现有效社交,你要先让自己"值得交往" / 136
珍惜你的整个世界 / 140
朋友是应该给你指引正确的路,还是支持你想走的弯路 / 145
有事儿您直说 / 151
今天的痛而不言,终将成为明天的一笑而过 / 156
今天,你成为加害者了吗 / 162

part 05

真正的成功，
是活成不被生活绑架的自己

我们总是拼尽全力，想活成大家所共同认可的样子，以为那样才是最有价值、最完美的人生。但其实，真正的成功，或许只是活成不被生活绑架的自己。

你若想开，清风自来 / 170

人生的秘诀在于寻找一个最适合自己的速度 / 174

生活唯一的答案，就是没有答案 / 179

心有书香不寂寞 / 183

放轻松，其实你没那么多观众 / 187

你违心合群的样子，并不漂亮 / 193

守得住自己的底线，才能迎来别人的尊重 / 198

比较是深不见底的陷阱 / 202

不完美才是人生 / 206

"标签"时代,你别活成"标签" / 210
成年人的世界里,从来没有"容易"二字 / 215
事本无好坏,纠结在人心 / 218
生活有点难,你笑得有点甜 / 222

part 06

若想拥有爱情,请从现在开始做更好的自己

世上最好听的情话应该是这样的:你未出现时,我已拥有了全世界。当你来时,我愿意用全世界来换一个你。安全感永远是自己给自己的。若想拥有幸福美满的爱情,请从现在开始努力上进,成为无可替代的、更好的自己!

表达爱的人比被爱的人更幸福 / 226
得不到的喜欢,要懂得适可而止 / 234
女人,你该先学会爱你自己 / 237
我爱你,不如我"耐"你 / 242
错误的爱,应及时止损 / 247

part 01

你所缺少的，
只是迈出第一步的勇敢

生活都已经这么苦了，
你为什么还要这么丧？
别等到无可挽回时，
才后悔自己不曾改变。
现实和梦想其实近在咫尺，
你所缺少的，
只是迈出第一步的勇敢。

生活这么苦，
你为什么还这么丧

"退堂鼓"小姐毕业后在我们家乡的小镇上当小学老师，每天陪着八九岁的孩子们朝九晚五，挣钱虽然不多，但是好在工作清闲舒服。快过年时的某一天，她忽然打电话跟我说，她一点也不喜欢这份工作。

我对此表示理解："带小孩子是不容易，你要是觉得工作压力太大，等放寒假的时候出去旅游一下，换换心情！"

"退堂鼓"小姐不愧是老师，提反对意见的时候都跟说相声似的："旅游有什么意思啊？现在去哪儿旅游不是看人去了？就说我上次去故宫吧，整个太和殿里挤满了人，连找条路从人群里钻出来都费劲。幸亏灵长类动物没进化出吸盘、翅膀之类的东西，要不然连天花板上、墙上也得给挤满了。"

我说："那你就在郊区走走，也能放松心情。"

"退堂鼓"小姐轻叹一声，语调哀伤地说："哎呀，我不是因为最近工作压力大才心生反感的，我是压根儿就没喜欢过它！"

"如果你不喜欢教书育人，那换一份工作不就得了？"

"你说得倒容易，如果辞职了，我拿什么养活自己呀？谁来继续给我交五险一金呀？你又不是不了解我，我没什么技能特长，学历不算高，长得也不够出挑。说实话，要是真辞了职，我自己都不知道还能干什么。"

我一时不知道如何安慰"退堂鼓"小姐，只好干巴巴地说："如果你不想办法提升自己的话，难道你甘心永远忍着这份工作吗？"

"退堂鼓"小姐神秘兮兮地说："当然不可能啦！其实我已经开始提升自己了，我刚从国外买了一颗开运石，卖石头的大师说，从下个月起我就能转运啦！"

我刚端起水杯喝了一口水，一听这话差点儿呛着。

年轻的灰姑娘心里总会装着一个变成白雪公主的梦想。可惜生活不是童话，想要实现梦想不能只靠着虚无缥缈的"南瓜马车和水晶鞋"。

如果你连改变自己的勇气都没有，那就别怪人生太苦、日子太难。

上高二的时候，我曾经在敬老院当过一阵子志愿者，在那段时间里我认识了张老。当时张老已经71岁了，虽然身子骨很硬朗，但是因为患有胰腺炎，所以每天把各种药丸当饭吃。后来没过多久，张老就在体检时查出了胰腺癌晚期。医生冷冰冰地告诉张老和他的家人，他最多能再活半年。

有一天，我陪张老聊天的时候，他突然问我："小周呀，你有一定要在这辈子实现的梦想吗？"

17岁时的我很认真地想了一会儿,最后却摇了摇头。

张老语调悠长地说:"我呀,一辈子就想去一趟非洲。小时候就听人说起过那边的大河、草原、戈壁和成群的动物,我想亲眼看一看。我知道自己活不长了,在剩下的生命里,我想为自己活一回。"

当时我并没有把张老的话放在心上。上了大学后的第一个寒假,我再去敬老院当义工,发现张老已经不在那里了。院里的护工告诉我,张老在去年年初就偷偷办理了出院手续,然后又瞒着家人独自去了非洲。现在谁也不知道他过得好不好,只知道他每隔几个月就会往家里寄回一张报平安的明信片,上面代表国家的邮戳每一次都不同。

我的记忆一下子回到了2年前,想起张老曾经对我说的那句话:"在剩下的生命里,我想为自己活一回。"

大部分人都过着千篇一律的生活:他们在二十多岁的时候恋爱结婚,在三十多岁时忙着照顾老人、孩子和处理家里琐事,在四十多岁时忙着储蓄养老,同时准备照顾孩子的孩子……也许在人生的某些失眠的夜里,他们会想起"这不是我想要的生活",甚至会立下雄心壮志,准备彻底改头换面。但到了第二天清晨,他们还是会选择重复那些毫无激情却早已习惯的日子。

一旦过惯了日复一日的平淡生活,我们就会对每一年的春去秋来不以为意,直到生命即将走到尽头的时候,我们才会猛然发现——原来自己还有好多想做的事情没做,原来自己还从来没有为自己忙碌过。

生活都已经这么苦了,你为什么还要这么丧?

别等到无可挽回时,才后悔自己不曾改变。现实和梦想其实近在咫尺,你所缺少的,只是迈出第一步的勇敢。

你应该有过类似的经历。

说好的要好好养生,再也不吃垃圾食品,可是路过肯德基时还是忍不住进去点一份套餐,然后一边啃汉堡、喝可乐,一边信誓旦旦地说:"这是最后一次,这真的是最后一次!"

说好的要节约时间,再也不刷微博、玩抖音,可是一拿起手机还是忍不住点开娱乐软件,一边乐滋滋地刷动态,一边赌咒发誓地说:"肯定没有下次了!我保证,我真的保证!"

除了不断自我励志,你唯一努力过的事情就是躺在床上不停转发"锦鲤"。一让你看书学习、提升自己,你就恨不得把自己的生活说得跟领导一样繁忙,要不就是恨天怨地、责怪星座皇历……反正生活越来越不顺心肯定不是你的错,那都是月亮惹的祸。

想起《朗读者》中的一句台词:"勇敢的人,不是不落泪的人,而是含着泪水继续奔跑的人。"

在当今时代,每个人都会面临各种各样的挑战。面对棘手的问题,害怕失败是正常的,心里打"退堂鼓"也是正常的。可是怕过了、哭过了,还是要继续拼下去。因为只有挑战过了极限,我们才能清楚自己的底线,拓宽自己的上限。

当我们犹豫不决、畏首畏尾的时候,这个世界给的压力就会很大；当我们勇敢迈出改变的第一步时，这个世界给的压力就会变小。你只有跳出社会和他人为你设置的"安全区"，勇敢地放弃你所熟悉的一切，包括你的憎恨、愤怒或热爱，你的恐惧、奢望和贪婪，你才有可能成为真正的自己。

　　生活很难，我们都需要一点勇敢。

　　当你无牵无挂、全心全意地投入生活时，你就会发现，在不知不觉间，你已经重新燃起了生活的热情，而梦想已经不再遥远。

不管多少岁，
都是追梦最好的年纪

暖洋洋的夏天过去之后，转眼间，澳大利亚的气温就降了下来。虽然日历扯谎说冬天还早，但绵绵不绝的阴雨却裹挟着寒风姗姗而来。在这样阴冷的天气里，如果没什么要紧事，谁也不想出门去挨冻。可是悉尼某条街区的一家游泳馆却在这种坏天气里迎来了4位从未谋面的顾客。

这4个人的头发都已花白，背也有些佝偻，甚至连走路都给人一种弱不禁风的感觉。他们步调缓慢，却又十分坚定地走到游泳馆前台，对工作人员说："请帮我们登记，我们要报名参加今年的街道冬泳比赛。"

工作人员愣了一下，随即又恢复职业性的微笑："好的。可以请你们简单介绍一下自己的情况吗？我来填一下报名表。"

站在中间的一位老人上前半步，说："我叫约翰，另外3位是我最好的朋友。我们的年龄分别是82岁、81岁、77岁和74岁。"

工作人员说："非常抱歉，冬泳比赛有规定，不能接受年龄超过70岁的人报名。所以，你们还是请回吧！"

这位叫约翰的老人把枯木似的手按在柜台上，有些固执地说:"别看我们上了年纪,我们的身体都很好,这一年都没生过病,我们也学过游泳,绝对不会给人添麻烦。一起参加冬泳比赛是我们的梦想,请您无论如何帮帮我们。"

工作人员终于忍不住笑了,这4个年龄加起来超过300岁的老人,不好好在家喝咖啡、看报纸也就罢了,居然还提什么"实现梦想",真是异想天开。

约翰似乎从工作人员的笑意中看出了他的心思,于是郑重地说:"我知道肯定会有人笑话我们不自量力。可是上帝和法律都赋予每一个人做梦的权利,如果你是我们的话,难道你会希望自己带着遗憾离开人世吗?"

最终,约翰的话感动了比赛的负责人,老人们终于如愿参加了冬泳比赛,他们当中的3个人成功游完了全程。虽然成绩不理想,但他们还是很开心。

上面这个故事是住在我家隔壁的王阿姨讲给我的。故事讲完之后,58岁的王阿姨跟我说:"咱们社区不是刚成立了老年芭蕾舞学习班嘛!我想去报名,可我女儿担心我的身体,死活都不让我报名。我看你这孩子从小就挺机灵的,你能不能帮我跟她说说?"

我赶紧客气地拱手相让:"王阿姨,您太抬举我了,您就把刚才给我讲的这个故事原封不动地给您女儿再讲一遍,我保证她能同意。"

王阿姨毫不客气地说:"你甭跟我耍贫嘴!这样吧,你要是能帮我这个忙,阿姨就奖励你一顿火锅。"

听到"火锅"两个字,我动心了。可我还是不能理解王阿姨为什么一把年纪了还要上赶着折腾自己去学跳舞。于是我问:"阿姨呀,您都这么大岁数了,学点书法绘画什么的不也挺好嘛,为什么非要学芭蕾舞呀?"

王阿姨两手掐腰,做出一副王熙凤似的泼辣表情反问我:"你看过芭蕾舞剧《天鹅湖》吗?"

我惭愧地摇头:"没有。"

"我就是看了《天鹅湖》才喜欢上芭蕾舞的。可是小时候家里没钱,长大了自己又没时间,所以这梦想一搁浅就是几十年。就像我给你讲的那个故事一样,虽然我现在老了,但我不想一辈子都留个心结呀!"

后来,王阿姨终于劝服了女儿,开始学习芭蕾舞了。王阿姨很珍惜这次机会,除了在社区的老年班学习,她还聘请了专业的舞蹈教师给自己开小灶。她每个星期都要上3次专业的舞蹈课,每天吃完晚饭之后,更是雷打不动地在自家客厅里练习基本功,常常一练就是一两个小时。

芭蕾舞对舞者的基本功和身体柔韧度要求很高。王阿姨以前从没接触过舞蹈,平时连小区门口的广场舞都跳不利索,她从零开始学习芭蕾舞的艰难可想而知。王阿姨的女儿以为母亲只是三分钟热度,受了挫就不会再继续"胡闹下去"了。可是王阿姨硬是凭着一股子热情坚持了下来。一年以后,她不仅成为社区老年芭蕾舞班的台柱子,还带着芭蕾舞班的其他成员一起参加了社区举办的文艺演出，而她们表演的剧目正是《天鹅湖》。

我没看过《天鹅湖》的原版，但是当我看到那些平均年龄超过60岁的阿姨们欣喜地穿上"白天鹅"的舞蹈服，神情优雅地完成每一个轻盈曼妙的舞步时，我就知道，这一定会是令我印象最深刻的一版《天鹅湖》。

后来，每当我在写作中陷入困境，甚至想要放弃的时候，我都会想起王阿姨她们跳的这支《天鹅湖》。

我总是在想，"王阿姨们"究竟为了梦想付出了多少努力，才能从容地在众人面前展现出天鹅般的舞姿？

连鬓发斑白的人都不曾懈怠过梦想，我们还有什么资格以一句轻飘飘的"老了"就放弃成为更好的自己？

梭罗曾说："只有执着追求并从中得到最大快乐的人，才是成功者。"

当与困难狭路相逢时，很多人都喜欢立刻缴械投降、掉头就跑，然后再找万千理由来掩盖自己的懦弱。可是等到这些人垂垂老矣时，他们又会开始深深自责，同时眼红起那些承受住了困难、冷眼和嘲笑，并且得以浴火重生的人。

梦想与年龄并不呈负相关，不管你多少岁，追梦的最好年纪都在当下。

年轻时的我们有冲劲、有胆气，就算摔倒了也不怕疼，大不了就从头再来；成熟后的我们有积淀、有内涵，就算失败了也不怕苦，因为相信早晚会东山再起。

束缚住我们手脚的真是年龄压力吗？还是我们不想承认的那颗"怕麻烦、怕失败"的懦弱之心呢？

秋日里晚风微凉。我迎着风，戴着耳机走在路上，用手机单曲循环收听着小男孩乐团的一首名叫《Feel the Heat》的歌。这是一首由一群"半路出家"的"80后"创作的歌曲，歌词很励志，旋律也很鼓舞人心。可是谁能想到，在成立乐团之前，这些"80后"从事的都是与音乐八竿子打不着的工作，他们也都过着温暾水似的平淡生活。

如果没有坚持梦想，他们可能也会跟社会上绝大部分人一样，在适当的年龄恋爱结婚、生育子女，然后慢慢守着岁月变老。对音乐梦想的执着却让这些普通人走到了一起，并推动着他们慢慢书写起属于自己的奇迹。虽然直到现在，他们的歌仍然没有获得太高的社会普及度，但是那激昂的鼓点和电音、那振奋与沉郁交错的节奏，都在告诉着世人一个亘古不变的道理：梦想面前没有年龄长幼之分，只有勇敢坚持的成功者和畏难退缩的失败者。

年龄的包袱也好，旁人的白眼也好，就让它随风而去吧！

你要永远记得，在困难面前永远保持微笑，因为我们的梦想和执着，终将征服整个世界。

你没有变强,
是因为一直很舒服

我正式开始从事写作是在19岁。那时候,我写出来的稿子质量特别差,文学性且不提,连基本的故事线索都捋不清楚。好容易写出来一篇像样的文章,可是投给好几家杂志社和公众号都石沉大海、杳无音信。碰上一个有回音的,也得让我把文章翻来覆去地改上好几遍,挣的稿费连吃顿火锅都不够。

20岁时,我开始写小说。我趁着暑假,把自己关在家里,花了2个月的时间写完初稿,又壮着胆子把样稿投给几家出版社。可是满心忐忑地等了半年多,这些投稿照旧是鱼沉雁杳。我一狠心,直接上网抄了100家出版社的联系方式,再一个一个地把小说投了过去,然后又等了半年多。这一次,我总算收到了回音——算上自动回复的邮件,我一共收到11封回邮。当然,全是退稿。

后来,我的投稿终于慢慢都有了回应,虽然还是退得多、过得少。

刚开始,每次收到退稿信的时候,我总要伤心好几天。退稿信收得多了,我难免会开始怀疑自己:"我到底是不是写作这块料,我是不是该换一条路走?"每到这时,我就会打开电脑,看看自己发表过的作品,再看看读者们写给我的书评,就会鼓起再写、再试的勇气。

当我收到的退稿函攒到几百封时,我学会了看淡被否认的阵痛,偶尔手机邮箱有了收件提醒,我照旧先忙自己的,等闲下来时才点开看。

现在想来,当年多亏那些退稿函,我才能在每一次的失落中都有所收获,在不被认可的阵痛中不断改进自己。

在堆积如山的否定甚至是嘲笑当中,我慢慢熬过了刚入行时的黑暗岁月,迎来了有所收获的曙光。我看着自己的文笔一天比一天精细起来,我的稿费也从当年的十几元涨到几十元,再到如今的几百元。在即将步入21岁的时候,我终于一点一点地把自己的事业推向了正轨。

当我终于签约了自己的第一本书时,我的很多朋友都以为我是撞了大运才得到了出版公司的垂青。只有我知道:运气是不会无缘无故从天而降的,努力才是运气的伏笔。

看过日出的人都知道,破晓前的黑夜往往是最黑暗的。人生也一样。在守候成功到来之前的日子,往往最黑暗、最痛苦。只可惜,很多人未等到黎明绽放,就已经耗尽了努力的勇气。

暂时失落没关系。谁都会有一段不如意的黑暗时光,只要你愿意忍下去,愿意相信自己的未来还有希望,那片属于你的黎明曙光,早晚都会到来。

大二那年,我在学校附近的高考补习班做兼职老师。在那里，我遇到了阿钟。阿钟是我们班里最"独"的学生，他就读的高中在当地籍籍无名，他的学习成绩也不算特别出众，可是雄心勃勃的他却坚持要报考中国政法大学。

补习班里还有不少经验丰富的老教师，他们好心劝他："你的起始点太低了，报考中国政法大学的难度很大，还是选一个容易点的大学作为目标吧！"

阿钟说："道理我都明白，但我还是不想改变初心。如果最后我的能力不及，那么没考上也不必有遗憾；但如果我只是因为害怕失败就退缩了，那我一定会后悔一辈子。"

阿钟所在的高中平均每年只有二百多人达到一本分数线。其中，能够达到中国政法大学分数线的人更是屈指可数。可是等到高考分数出来时，阿钟的成绩居然真像演电视剧一样，高得令人震惊。而且在整个补习班里，只有阿钟一个人考过了一本分数线。虽然阿钟的分数距离他中国政法大学的目标还有点远，可是谁也不能否认，他的高考是成功的。他真的凭借着努力超越了自己的上限，实现了"丑小鸭变白天鹅"般的华丽逆转。

高考结束后的那个夏天，在毕业生经验分享会上，阿钟有些生涩地走上讲台，声音小却笃定地说："我的秘诀很简单，就是无论每次模拟考试的成绩如何，都坚持每天在早晨五点半准时起床自习，一直学习到半夜12点才上床休息，直到考前一周，从不间断。"

人生最痛苦的事情不是失败，而是你本可以，但你却没有。你如果不拼命努力一次，就永远不知道自己到底有多赞。

这是一个广阔自由的时代，每个人都有机会靠着自己的勤奋和努力，在自己谋求的阶层当中争得一个位置。

在那些所谓的"平步青云"者的光环之下，我们常常会不由得放大了他们一朝功成的耀眼时刻，却忘记了曾经的他们为了等来宣告成功的这一秒，默默地在背后付出了多少努力。

很多初入社会的年轻人都要经历一场暗无天日的考验：孤单一人，无依无靠；努力总是不被肯定，辛苦往往无人问津；即使拼尽全力，结果也总是不尽如人意……这是社会给我们的第一次下马威，很多年轻人的梦想都折翼在这段黑暗的日子里。

可是，在这场盛大的考验过后，还有另外一类人——那些在痛苦面前也能咬紧牙关、跟"命运"互掐脖子的人。他们挺过了苦难的"猛火爆炒"，挨过了生活的"小火慢煎"，把曾经受过的伤一点点变成身上坚不可摧的铠甲，把曾经忍过去的痛苦慢慢变成踩在脚下的台阶，托着自己一步步爬上顶峰。

你没有变强，是因为你一直很舒服。很多时候，你的不如意，不是因为你没有机会、不够漂亮、运气不好，而是因为你还不够努力。敷衍生活的人，生活也会施以报复。这就是人生最浅显的道理。

无论何时，都请你不要停下向前走的脚步。一个人只要不停地走，不停地朝着梦想的方向努力，总有一天会收获属于你的风景。

成功的路，
就是专找罪受

第一个故事。

阿碧出生于贵州遵义的小山村。由于家境贫寒，阿碧从小便吃尽了苦头。后来，阿碧与一名技术员结了婚，可惜婚后没多久丈夫就撒手人寰，留下两个儿子给她。当时村里很多人都去城里打工，阿碧也想进城，可是看看身边年幼的儿子，她还是不忍心就此离开。为了照顾两个儿子，她开始以卖凉粉为生。

为了保证凉粉的品质新鲜，每天天不亮时，阿碧就得赶最早的一班车进城，到离家5公里外的市场采买凉粉原料，每天一买就是上百斤。尽管生活非常艰苦，但是阿碧硬是靠着一碗碗凉粉将两个儿子抚养长大。为了招揽生意，阿碧自制了很多豆豉辣酱、香辣菜等下饭菜，用以免费提供给来买凉粉的客人和一些没钱吃饱饭的学生。后来她偶然发现，很多新老顾客都不是为了凉粉而来，而是专程为了吃她的辣酱和咸菜。阿碧确认了这件事之后，就咬牙拿出所有积蓄，借了村委会的两间平房，创办了自己的辣酱工厂。

在创业初期，没有足够的资金买玻璃罐，阿碧就自己去玻璃厂赊罐子；没有宣传海报和代言人，阿碧就自己找摄影师拍照，把自己的照片印到产品标签上；工厂上下只有四十多人，有些年轻人怕辣，不敢切辣椒，阿碧就亲自带着工人上手切辣椒、炒辣酱，再一瓶瓶地贴签、罐装、密封。终于，阿碧的第一批辣酱在流水线上诞生了。然而，因为没有有力的宣传，产品做出来之后迟迟卖不出去。阿碧急了，她亲自跑到大街小巷的饭店、食堂和食品店去推销，甚至跟店家放出了"卖不出去就退货，卖出去再给钱"的狠话。就这样，她的辣酱迅速在贵阳打响，仅用4年时间行销到全国各地，成为全国人民餐桌上的"主食伴侣"。

这款风靡全中国的辣酱叫作"老干妈"，这位阿碧就是被誉为"中国最辣女子"的"老干妈"创始人陶华碧。

第二个故事。

设想一下，一个生来就没有四肢的人，他的生活将会怎样？你或许会觉得，这样的可怜人能够苟活下来就不易了。然而，事实却是，这个人不仅活了下来，而且活得比很多四肢健全的人还要精彩！虽然残缺的身体曾经带给他无数的痛苦与磨难，但是他没有因此而沉溺于自卑当中，而是用不屈的精神创造了一个又一个奇迹。这个逆转了人生的人，名叫尼克·胡哲。

尼克出生时就没有四肢，只有躯干和头部。他不能像四肢健全的人一样自如地走路，甚至连拿东西、上厕所、喝水吃饭之类的小事也做不到，只能靠母亲帮忙完成。更令人屈辱的是，无论到哪里，他都会被视为"怪物"，遭受陌生人的围观。童年时的尼克饱受嘲笑与欺辱，这一度使他悲观至极，甚至还曾尝试在浴缸里淹死自己。幸好父母及时发现，尼克才捡回一条命。经历过死亡体验之后，尼克选择了坚强，他开始学着自己照顾自己。不仅如此，尼克还培养了诸如游泳、冲浪等兴趣爱好，之后又考上了大学，拿到了双学位。如今的尼克是全球知名的励志演说家，他虽然没有双腿，却在信念的支持下走遍了全世界。他与世界各地的人们分享自己的人生经历，用他的坚强乐观感染着许多人，并帮助他们走出各自的迷茫和困境。

虽然成功的人各有各的成功之路，但是他们却有一点共同之处：他们都不安于现状，而是偏爱"折腾"，专找罪受。

假如出身山村、一穷二白的阿碧没有勇敢地选择办厂创业，假如一出生就成了上帝弃儿的尼克·胡哲在命运的玩笑下选择就此妥协，那么，他们的人生想必都会跟现在完全不同。

两年前去内蒙古旅行的时候，我听当地人讲过鹰隼训子的故事。小鹰刚出生几天，母鹰就会把小鹰叼到悬崖边上，再毫不留情地将它们摔下去。这时，小鹰就会因求生本能，在下坠的过程中学会独自飞翔。当地人说，鹰隼之所以能称霸天空，靠的就是这种近乎残忍的训练。我不了解生物学，但我总觉得，鹰尚且如此，人当亦然。雄鹰之所以不同于群鸡，或许就是因为当小鸡们或争食、或游戏、或吃饱就睡的时候，雄鹰们却正在与风雨和蓝天搏斗吧。

如果苦难无法避免，你就迎难而上，不管眼前有多难，不管前方是陡崖还是荆棘，尽管勇敢地走下去吧！毕竟，若不先纵身跃下悬崖，你怎么会发现自己还有一双翅膀呢？

你所谓的稳定,
不过是一种侥幸

大学时认识一位"拼命三郎"F君,他比我大一届,同校不同系。在朋友圈里,F君以爱"折腾"著称。从大二时起,F君就开始自主创业。当同级生在体验甜蜜的恋爱时,他在为自己的项目跑投资;当同级生在为生活费焦头烂额的时候,他还在为项目跑投资;当同级生都在忙活期末考试的时候,他提前申请了缓考,在寝室里大门不出二门不迈、昼夜不分地做路演PPT,准备去参加一个跨越了大半个中国的商业模拟挑战赛(简称"商赛"),顺便跑投资。

在F君牺牲了爱情、睡眠、学业的不懈努力下,他的项目终于打动了一家公司,他拿到了足额的经费。F君用这笔经费在校园里推出了一个帮助大学生在线买卖闲置物品的APP(应用程序),获得了不小的成功。后来,他又趁势设计了新项目,联合另一家更大的公司推出一款校内专用的网络硬盘,此举又是名利双收。随着创业项目越来越多,F君的生活也越来越忙,常常要天南海北地"飞"去参加商赛。可是就算如此,F君的学习成绩也没落下,硬是稳稳地守住了系里前十名。我们都觉得他有秘不示人的特异功能，可以24小时连轴工作，不吃不喝不睡。

F君凭借着自己能折腾、敢拼命努力的"特异功能"赚到了人生第一桶金。在大学未毕业时，F君的存款就已经达到了6位数，比很多步入社会的人还多。我们都以为F君的事业会就此一帆风顺下去。那时候，许多人争相与F君结交，仿佛只要加上他的微信，就已经一只脚跨进了"人生赢家"的列表。然而，临近毕业的时候，F君忽然在清晨发了一条朋友圈说，自己破产了。

毕业后的聚会，我们几个朋友谁也没敢在F君面前提及他创业破产的事情。谁料，F君自己却非常豁达，主动跟我们讲了起来："5月初，我跟合伙公司谈崩了。我用全部积蓄买断了我之前的创意和项目，然后净身离职。"

我们这些生意场上的门外汉不解："你前不久不是还在筹备研发新项目吗，为什么突然就谈崩解约了呢？"

F君的回答没有一点苦味："主要是因为后续服务对象难以扩大，再加上价值观方面的一些问题。我的律师朋友本来劝我放弃之前的产品，至少留一点存款方便以后东山再起。但是我觉得，每一个项目都像是我的孩子一样，我真舍不得让它们离我而去。"

我有些不忍心，安慰F君说："咱们都是朋友，如果你心里难受的话，尽管敞开了哭一会儿。你明明努力了这么多年，付出了这么多心血，到头来却什么也没有得到，怎么会不伤心呢？"

F君平静地笑笑："我真的没事。在创业前，我就已经想过了破产之后该走的路。所以，无论结果恶劣到什么地步，我都能接受。"看我哭丧着脸，F君反而拍拍我的肩膀，半开玩笑地说，"说实话，自从开始创业之后，我还从来没有这么轻松过！你看看现在的我，真是从头到脚一身轻啦！"

"那你之后打算怎么办？"一个朋友问。

"我签了一家美国的软件公司，准备先去美国洛杉矶工作两年。"

"也好，既然找到了工作，以后就踏踏实实上班过日子吧！"

"不。"F君摇头，说得斩钉截铁，"等我在美国攒一点钱和技术经验之后，我还会再回来继续创业！"

那位朋友被他的坚定劲儿骇得一愣，可是看到F君并没有受到创业失败的影响，大家也就放心了。聚会结束后，我与F君住的公寓在一处，便一起慢慢走回家。回家路上，我借着路灯的光，看着F君那张与年龄严重不符的、过于坚毅稳重的脸庞，终于忍不住让心里的疑问脱口而出。

"F君，你有没有这么设想过呢？如果你在上学的这几年里没有那么折腾，而是好好读书考研，将来在二线城市找一份稳定的工作，或者回家考一个公务员，或许你就不会遇到这么多糟心事，也不会像现在这样累了。"

路灯下的F君笑了："其实，每个人的生活当中都充满了各种各样的麻烦，我们这一生就是为了解决各种麻烦而来的，即便怕麻烦、怕辛苦，该解决的问题想逃也逃不掉。"

"但是，你完全可以选择一条相对来说更稳定、更好走的路呀！"

"我从来不认为哪一条路会比其他的路更好走。无论选择哪一种生活方式,每个人的殚精竭虑其实都大致相同。如果你真的以为人生里会有一条无比平稳又顺畅的路,那么我只能说,你所谓的稳定,不过是一种侥幸。"

上初二的时候,有一天我放学回家,发现平时热闹的家里空无一人。看了母亲留在茶几上的字条,我才知道就在那一天下午,我那一向身体健康的父亲因为突发急性胰腺炎住院了。

赶到医院后我了解了详情。那天下午,父亲突然觉得腹痛难忍。他开车去小镇的医院挂号、排队、化验,折腾了两个多小时才被医生诊断为"急性胰腺炎"。可是,家乡的小医院治不了这种急病。母亲便陪同父亲到100公里外的大城市就医。医院是找到了,然而,家里一时凑不出来给父亲住院的钱。一向慢性子的母亲一时急得生了口疮,到处打电话向亲戚朋友们借钱,借了一圈才勉强凑出7天的住院费,让父亲进了病房。

因为钱不够,父亲本该住7天ICU,最后只住了2天便转移到了普通病房,在普通病房只住了不到5天便出了院。

那是我第一次近距离接触"生与死"的变故。幸好,父亲在母亲的悉心照料下最终恢复了健康,至今也没有旧病复发。我本已渐渐忘却了少年时经历的这件意外之事,然而,F君的一番话令我再次回想起了当时的情景。我这才猛然意识到,原来我习以为常的平静生活,只不过是上天恩赐的幸运。如果不知道居安思危,此时此刻的平静随时都有可能成为泡影。

提到居安思危，我想起了朝鲜的开国之祖箕子的故事。

箕子曾经侍奉商纣王。当时的商朝国力鼎盛，于是，纣王一登基，就立刻让能工巧匠为自己打造了一副象牙筷子。箕子听说这件事之后，立刻预言商朝必定亡于纣王。群臣吏民们一头雾水、不解其因，箕子便解释说："你们想想，纣王有了象牙筷子，那肯定不愿意再配着陶土的杯碗吃饭，得配犀牛角或者白玉做的杯碗才相得益彰；有了象牙筷、白玉杯，那就肯定不能再吃粗茶淡饭，得吃山珍海味、喝美酒佳酿才不失身份；吃喝都这么高级了，那穿的衣服也不可能再是粗布麻衣，一定要穿华贵的丝绸礼服。以此类推，纣王日后必定还要住高楼广厦、游亭台楼榭、赏百花之艳……长久下来，国力必定会因这种腐朽的生活而衰弱，国家灭亡便只是时间问题了。"

箕子撂下这句预言之后，便远离朝堂，隐居起来，定居于朝鲜。后来，纣王果然成了历史上有名的暴君，商朝也被周武王推翻，改朝换代。

看似稳定的局面，其实最容易出现问题。许多现下看似稳定的行业，其实正在悄然发生变化。二十几年前，人们都以为在国企工厂的工作最稳定，当某一天厂子忽然转型或倒闭时，一些过惯了安稳日子的人才发现，自己年近半百、一无所长，只能在突如其来的意外面前乖乖"缴械投降"。

现实生活的最大特点就是非常"现实"。无论你的未来规划多么精密，都难免遇到各种意外插曲。一味追求舒适安逸，最终往往会走向平淡乏味。你最初选择的岁月静好,或许在某一天,也会让你的生活变得波澜迭起。

所谓的稳定,不过是别人为你遮挡了风雨罢了。我们要感激那些雪中送炭的人,更要好好珍惜当下,但是不要长久沉溺于眼前的稳定当中。我们要记得,稳定也是一个动态词,今日的稳定,绝不代表永恒。

不要流连于稳定。在尚有闲暇的平时,多读一些感兴趣的书,多学习一些技能和知识,这样,未来遭遇变故时,你就多了一些选择。

不要沉溺于稳定。在尚有结余的时候,多存点钱给父母,再学点理财知识,这样,未来突逢困境时,你就多了一重保障。

不要痴迷于稳定。稳定与困境一样,都不过是暂时的。只有让自己先修炼成"金刚不坏之身",在未来的阳光或风雨中,你才不会迷失自己,走好脚下的路。

居安思危,任重道远。我们要做一个温暖坚强的人,浅浅笑,稳稳走。

part 02

你的付出，
让你变成独一无二的自己

你曾经走过的路、流过的汗，
都不会被辜负，
它们都会成为你气质的积淀，
陪伴你走过一生。
到最后，即使你的坚持和努力
不能让你成为你最向往的人，
你的付出，也一定可以
让你变成这世上独一无二的自己。

奇迹不是想出来的，
而是做出来的

前几天，我在图书馆门口遇见了久未谋面的师姐胖胖。

胖胖这个人"体"不胖，"心"却宽得出奇。我从来没遇见过比她更"不动如山"的人，无论身边的同学、朋友是忙碌还是清闲，无论自己的成绩是低分飘过还是红灯高挂，她都能稳坐寝室，除了吃喝拉撒绝不出门。只要没有专业课，胖胖能从晚上10点一直睡到第二天下午1点，醒来之后再随便吃点外卖，百无聊赖地刷抖音、淘宝、B站小视频，困了就大被蒙过头，接着睡到第二天的日上三竿，然后继续重复前一天的生活。

胖胖一直自诩是与世无争之人，但久别偶遇之时，她一见到我开口居然说："阿檀，见到你正好，我现在要去听一场关于就业的经验分享讲座，你跟我一起去吧！"听到胖胖这么一说，我好奇究竟是怎样的奇迹之力才能把她从寝室里召唤出来，于是便欣然同往。可去了之后才知道，这场所谓的就业分享讲座，只不过是一场打着"励志"之名兜售课程的闹剧。

走出会场时，胖胖很伤心："阿檀，我直到现在才明白自己的大学四年算是白过了。眼看着决定考研的同学早已开始努力准备，选择就业的同学也大都找到了工作，可我连自己能做什么都不知道。再有几个月我就要毕业了，你说，我还有可能等到奇迹发生吗？"

我看着胖胖一脸惆怅的表情，知道她期待着我的安慰。于是我很认真地拍拍她的肩膀："还是做梦去吧，梦里什么都有！"

生活其实很公平，它为出身寒门的人提供了一颗名为"奇迹"的种子，只要怀揣梦想的人每天用辛劳的汗水浇灌，它就能够厚积薄发，在恰当的时刻绽放出耀眼的花朵。

你不想好好努力，却又盼着有奇迹发生，那就别怪自己处处碰壁，叫天不应，叫地不灵。

陪同导师做项目时认识了和胖胖同届的另一个师姐，名叫Sunny。和柔软又心宽的胖胖不同，Sunny就像一团霹雳火，敢想敢做、雷厉风行。她的境遇和胖胖完全不同，在胖胖为了未来的路满腹忧愁的时候，Sunny则以年薪23万的待遇拿到了北京奇虎科技有限公司（即360）总部的offer（录用通知）。对比身边初入职场的大学生拿着每月两三千的实习工资，年薪二十多万的起点实在不算低。更何况Sunny的家境并不好，学历也称不上亮眼。她靠什么才从八百多万的应届毕业生中脱颖而出，得到这份令人羡慕的offer的呢？

许多认识Sunny的人都说她是撞到了"狗屎运"，才恰好碰到奇迹降临。

可是Sunny却不以为然。在优秀毕业生的经验分享会上，她说："很多人都说我是交了好运才得到360的offer，其实我的这份工作并不是从天而降的，而是我自己亲手'抢'来的。在大学时，我就一直关注着几家很有潜力和实力的公司，其中我最心仪的公司就是奇虎360。我参加了几次校招都没有找到奇虎公司的招聘启事，细细打听才知道，奇虎公司近几年在学校里都没有招聘名额。你们知道我接下来是怎么做的吗？"

台下的人纷纷说："不知道。"

Sunny轻轻一笑，说："我买了一张火车票，直接跑到了奇虎公司在北京的总部，在他们公司大楼门前的花坛边上坐了整整一个上午。"

有好事的人朗声询问："你坐在门口干什么？"

Sunny说："我在看人。整整一上午的时间，我都在观察每一个进出360公司大楼的员工，我要找到那个能给我面试机会的人。直到快下午时，我看到一辆豪车停在大楼门前，从车上走下来一个西装革履、经理气质的人，我确信自己的机会来了。我满腔自信地迎上去拦住他，把自己的简历递了过去，同时跟他说：'我是应届毕业生，一直很仰慕贵公司，但贵公司今年在我所在的学校没有招聘计划，所以我就专程来毛遂自荐了，希望您能给我一个面试的机会。'

"那个被我拦住的'经理'先是一愣，然后翻看了我的简历，同意了我的请求，立刻安排专人进行面试。因为事出突然，原定三轮的面试全部压在了一个下午完成。面试整整进行了六个多小时，我最终从头到尾挺了过来，得到了这份工作。后来我才知道,自己在门口拦下的那个人就是奇虎360的执行总裁周鸿祎。"

那场分享会结束后,学校里再也没有质疑Sunny的声音了。

是那些成功的人运气太好了吗?大家都有手有脚有梦想,而你差的就是一颗立即行动的心。

刚刚进入社会、正处在"黑暗期"的你也许总会对生活心生不满,觉得上天对不起自己。可是当你拿着父母的钱吃香喝辣、享受生活,追求着诗和远方、花和爱情的时候,你却从来没这么想过。

你每天不是在打游戏、刷微博,就是在唱歌、聊天、玩抖音;你的早晨从中午开始,中午从半夜开始;一翻开书就头疼,一到半夜就兴奋;门门功课都得靠跟导师套近乎才能凑到及格分……你就这样浑浑噩噩度过了大学四年,等你终于要离开校园时,才猛然发现:原来自己在大学里什么都没学会,甚至连原本会的东西也全都留在了学校。

不是奇迹不想青睐你,而是你自己在日复一日的蹉跎当中,亲手推走了拥抱奇迹的机会。到了最后,你发现曾经跟自己并肩的人都获得了不菲的成就,你又开始抱怨老天待你不公,埋怨自己的爹妈不给力,可是你能怪得了谁呢?

不要在人生刚起步时就偷懒耍滑,不思进取,躺在原地熬日子。

弱者以为奇迹是天赐的幸运,但只有强者才会知道,所谓奇迹,只不过是努力拼搏的另一件外衣而已。

太过悠闲，
所以心慌

工作时我认识了"闲不住"小姐，她是市里电视台的一名资深记者。

"闲不住"小姐是我所有朋友当中最有活力、最敬业的一个。我似乎永远也看不到她有闲散的时候。上班时，她就是电视台里有名的"拼命三娘"。即使放假在家，她也不改早起早睡的作息时间，而且一起床就一定要化好精致的妆容，把自己的形象打理得妥妥帖帖。只要出门，哪怕是出去逛个街、买个菜，"闲不住"小姐也会穿上一身干练轻便的工作装，再配上长裤、长靴，那行走如飞、风风火火的架势，好像下一秒就要开赴新闻一线似的。

有一次，难得几个好朋友都放假，大家就约好一起出去逛街。

毕竟都是多年的老朋友了，化成灰都认识彼此长得什么样，见面时也没必要倒饬自己。于是姐儿几个就都心照不宣地妆也不化，随便套了件宽大的短袖衫就出门了。而"闲不住"小姐照例是所有人当中最后一个到的，等她终于"闪亮登场"时，我站在远处一瞅：哟呵，果然不出所料，她又穿了一身职业套装，手上还拎着办公用的电脑。

"闲不住"小姐这一身正儿八经、气场全开的打扮，站在我们这群花花绿绿的T恤衫中间真是要多奇怪有多奇怪，惹得路上不少行人都忍不住回头看两眼，我这二十多年的人生里都没遇到过回头率这么高的时候。走了一会儿，我实在觉得有些不自在，就拽着朋友们进了一家冷饮店。

正值盛夏时节，冷饮店里的人挺多，大家只能各自找地方拼桌。"闲不住"小姐刚好坐到了我对面，四目相对时，我终于忍不住说："我知道你平时工作忙，可是你一天到晚紧绷着弦，你就不觉得累吗？至少放假的时候，你也该让自己休息休息、放松一下吧！"

"闲不住"小姐一脸无辜地用双手抱着面前的冰牛奶，说："我在休息呀，我这不是跟你们出来逛街了吗？"

我有些没好气地说："那你倒是穿一套适合逛街的衣服呀！就算你嫌弃休闲衫太松垮，穿一套小裙子、高跟鞋什么的，不也挺好的吗？你瞅瞅你现在这身行头，不知道的还以为你要去哪儿面试呢！"

"闲不住"小姐扑哧一声笑了，说："我不是不喜欢小裙子和高跟鞋，而是因为我以前遇到过一件事。在我入职的第一年，有一次长假刚结束时，上班的第一天，我因为起床晚了，为了省事就草草穿了裙子和高跟鞋去电视台，结果碰上一个紧急采访，需要我立即赶往某个山区。因为事出突然，我连一点准备时间也没有，别说换衣服、换鞋了，连办公用具也没来得及带，就被同行的前辈拽上了汽车。那天我虽然好歹完成了采访,却搞得十分狼狈,不仅裙子上被溅了泥点,高跟鞋的鞋跟也在爬山的路上被磨掉了。那次采访之后,我就下定决心:从此即使是在放假的时候,我也会打起十二分精神,随时准备应对突发状况。"

"闲不住"小姐看了看自己一身轻便干练的打扮,若有所思地说:"既然我已选择了新闻记者这份工作,我就不能再允许自己有散漫拖沓的时候,这就是我对自己工作的热爱和要求。"

人是不能闲的,闲着闲着人就废了。有条不紊地忙碌着的日子,才会让人过得心安。

我原来租的公寓楼下住着一对感情很好的叔叔婶婶。两个人双双退休之后,为了打发时间,就在公寓附近开了一间猪蹄店。店面规模不大,而且只有叔叔和婶婶两个人经营,但是因为店里的菜品味道好,价格又实惠,所以生意很红火,从早晨9点开门,一直到晚上8点打烊,店里始终都不缺客人。

叔叔总是很体贴婶婶。他舍不得让她干重活儿,也舍不得让她到后厨闻油烟味,只让她在柜台前负责收银。有时候他忙完了自己手里的活儿,也会到前台跟顾客聊聊天。他不太爱讲话,每次聊天时都只是站在一边默默听着。婶婶却很健谈,每次遇到熟客,婶婶总会热络地跟人家聊几句家常,然后就忍不住抱怨起开店的辛苦:"自从开了这家店呀,我们每天早晨4点就得起床去集市上买菜、买肉,准备一天要用的食材。等到晚上打烊之后,我们又得打扫店铺、收拾厨余、清算账目……好不容易忙完了一天的工作,终于躺到床上歇下了,往往已经过了夜里11点。"

婶婶总是说:"唉,现在的日子真是太累了,要是以后能闲下来就好了!"

没想到,闲下来的生活很快就来了。叔叔婶婶在老家的房子拆迁了,两个人拿着拆迁办的补偿款买下两套新公寓,简单装修一下之后就全都租了出去,每个月光是租金的收入就挺可观。

既然不用工作就能吃穿不愁,挣的也不少,那干吗还要累死累活地开店做生意呢?叔叔和婶婶两个人盘算了一下,干脆把本来经营不错的猪蹄店盘了出去,就专门靠着收租金过日子。

原先开店的时候,叔叔和婶婶总是盼着有一天能够闲下来,放松一下。可是等到真一闲下来时,他们发现自己根本不知道要怎么打理突然松垮下来的生活。他们只能去麻将馆里打牌、打麻将,或者到老年活动中心跟别人扯一些家长里短,以此来消耗掉那些惶惶不安的空闲时间。就这样,叔叔渐渐迷上了斗牌赌博,婶婶慢慢爱上了网上聊天,两个人成天早出晚归,连坐在一起吃顿饭的时间都变得越来越少。没过几年,两人的婚姻和经济状况都出了问题,最后只能卖掉两套公寓补足亏空,然后离了婚,各自搬离了这座城市。

当年猪蹄店的老客们每次提起叔叔和婶婶时,总会唏嘘不已:"他们就是太闲了,以前开着猪蹄店的时候明明感情可好了。"

可是谁能想到呢?闲下来的时间,若是不能好好规划,竟然是会"吃人"的!

多数人之所以渴求悠闲自在的生活，说到底只不过是基于当前忙碌状态下的直观感受，并不是因为他们已经对将来的自由时间做好了合理的规划。他们总是抱怨当前的生活被安排得太满，一点空闲时间都没有。可是等到真正闲下来的时候，他们就会觉得不知所措了。

网上看到过这么一句毒鸡汤："努力不一定会成功，但是不努力一定会很舒服。"可是不努力的生活真的很舒服吗？

其实我倒觉得，终日闲着的生活才最辛苦。

坐在电脑前玩了一整天游戏，除了腰酸背痛眼睛疼，其他的什么也没得到；抱着手机熬夜看了一整晚的电影，等放下手机之后，除了心下的茫然，根本记不清自己看过什么；跟其他人聊天扯八卦，确实能够打发不少时间，可是等到夜幕降临时，自己就会陷入莫名的孤独和烦躁当中，躺在床上辗转反侧、抑郁难名……

所以，清闲的生活未必真的有多舒服，太过悠闲松垮的生活，反而会让人觉得惶惶不安、焦虑痛苦。

人与人之间真正拉开差距，往往就在那些空闲的时候。你若觉得当下的生活痛苦万分、焦虑异常，那也许就是生活在变着法儿警告你：你太闲了！

你可以佛系,
但请成为斗战胜佛

听说阿全最近心情很不好,我一打听才知道,他筹备了两年多的留学计划搁浅了。

我和阿全是在大学里认识的。阿全是朝鲜族人,父母、亲人都在韩国生活,他早年一直在韩国首尔读书,直到10岁时才跟着调任的父亲回到中国继续学业。刚来中国时,他一句汉语都不会,可他硬是凭着自己的韧劲,靠自学掌握了汉语,还考上了中国的大学,成了我的学弟。

我还在大学的时候就听说过阿全的名字,他的努力程度在全学院都是有名的。虽然阿全的汉语是后天自学,可是他的成绩一点不比其他同学差,每次考试,他的成绩都稳稳地排在全院前三名,每年都能拿到省级以上奖学金。我一早就听说,雄心勃勃的阿全在刚考上大学时就开始为了申请学校的留学项目做准备。当时,无论是阿全的同学、朋友,还是前辈、导师,都觉得以阿全的认真努力,一定可以收获一个极好的结果。可是没想到,阿全还是败了。

了解了来龙去脉之后,为了安慰阿全,我思来想去,还是翻出了通讯录里已经蒙尘的联系方式，一个电话打了过去。

我想请他吃火锅，北方的冬天里，没有什么比火锅更能暖胃暖心了。

阿全来了。他在服务员小姐的带领下走进包厢，走到我的对面。我注视着他解开围在脖子上的绿色围巾，叠了三折放在左手边，接着又把大衣脱下来，妥帖地搭在椅背后面。做完这些之后，他才在位子上坐了下来。

我不是一个擅长安慰别人的人，看到阿全的情绪和举止如此平静笃定，我反而不知道该说什么好了。

最后，还是坐下来的阿全先开了腔。

阿全说："周周学姐，我知道你请我吃饭是想安慰我，谢谢你。"

我摇了摇头："能被人看穿的帮助，价值就只能减半了。"

阿全笑了笑，说："那你愿意听一听我的心事吗？这几天，我一直在反思自己的问题点，你能不能帮我参谋一下呢？"

我点点头，放下筷子。

阿全说："周周学姐，不瞒你说，刚上大一的时候，我原本的目标是A大学的一年期交换留学项目。可是大二时，我看到B大学的留学项目不仅时间长，而且奖学金福利也更优厚，于是我就放下了A大学的目标，报名参加了学院里申请B大学的笔试和面试，并且顺利通过了。可是这时候，我又听说了学术研究实力更强的C大学的修士（相当于国内的研究生）项目。我一眼馋，就又把B大学的留学材料扔到了一边，开始全力准备C大学的面试。

"在做决定之前我就知道，C大学的留学项目一向可遇不可求,学院里平均几年才能有一两个人申请成功,以我的成绩,申请成功的机会很渺茫。可是当时我认为,一个有理想的年轻人,就应该朝着更高远、更有挑战性的目标去努力。于是,我果断地放弃了轻松就能触及的A大学和B大学,选择了一条无法判断结局的、更难走的路。当然了,最终的结局你已经知道了。"

阿全端起右手边的水杯,像是要把什么感情送服下肚似的咽下一口水,随后如释重负地笑着说:"申请C大学失败之后的这段时间,我一个人想了很久很久,直到前两天,我才终于想通自己当初到底错在哪里——我并不是不够努力,而是不够知足。如果我早些懂得知足的道理,没有贪心挑战C大学,而是选择量力而行,我现在应该已经身在国外了吧!"

年少时的我们,谈笑间总是稚气满满,却又雄姿英发。我们站在象牙塔顶上,望着远方的山河湖海、千帆竞渡,仿佛万里江山、功名戎马已是囊中之物,得到它们只不过是时间问题。

那时候的我们,总觉得自己是世界上独一无二的人。我们坚定地相信,世界上最好的一切早晚都会属于自己。于是,我们勇敢地提剑走出雪白的城堡,大步流星地闯入滚滚红尘,在和世界的滚打较量中学会了成熟的第一课,那就是知足。

励志大师们最喜欢说的一句话就是:"你值得最好的。"可是到了后来,我们都会明白,"最好"其实是一个伪命题。这个世界上永远没有人能达到"最好",你只能在认清自己的前提下,努力追求"更好"。

想到"知足"的人,我就忍不住想起了"佛系"小姐。

"佛系"小姐是我的一个读者,平时靠经营便利店为生。她可真是人如其名,不论干什么,她都能做到毫不走心。

赖以生存的便利店,"佛系"小姐平时很少打理,甚至连日常打扫都觉得烦。她坦然地放任店里的灰尘积了一层又一层,敞亮的落地窗脏得连人影都看不清,店里的货更是多少年都没有换过。至于赚钱,"佛系"小姐说:"赚多少钱无所谓,赚得少就少花一点,随缘,随缘。"

出去跟朋友们逛街吃饭,"佛系"小姐从来不会挑三拣四,也不会提出己见,无论朋友们问她哪件衣服更好看,还是中午去吃什么更好,"佛系"小姐的回复永远只有一句:"选什么都可以,你们定就好了,都行,都行。"

就连跟男朋友联机打游戏,"佛系"小姐都能把竞技类的枪战游戏玩成单机,一开局就去找一处没人的草丛躺下不动,任凭男友千呼万唤、苦苦哀求也绝不行动起来,连挣扎一下都懒。"佛系"小姐说:"生活也就是一个游戏而已,反正大家的结局都已经注定,争个输赢又有什么必要呢?看淡,看淡。"

"佛系"小姐的男朋友小智是一个挺老实靠谱的小伙子,曾经的他就是被"佛系"小姐这种与世无争的气质吸引,可是到了后来,他也受不了了,跟"佛系"小姐提出了分手。

"佛系"小姐不好意思自己去找男朋友复合,就请我帮忙去劝劝。在咖啡厅里,小智跟我说:"你知道我为什么生气吗?我知道'阿佛'对什么都不大走心,所以我一直默默替她打理着生活中的一切。可是那天，我鼓起勇气向她求婚时，她居然回答说随便！"

我把小智的原话转述给"佛系"小姐。"佛系"小姐辩解说："我就是觉得，现在的生活已经挺幸福了，没必要再做出什么改变。小智就是太不知足！"

我问她："在你定义当中的知足是什么样呢？"

"佛系"小姐理直气壮地说："知足不就是只享受当下生活，崇尚一切随缘，既不苛求结果，也不对未来抱有期望吗？"

我摇摇头："你所说的，不是知足，而是披着'知足'外衣的丧气。"

真正的知足，绝不是两手一摊的不作为，而是竭尽全力后的不强求。

你对什么都不走心，处处不坚持，事事随大溜，最后会迷失自我，被社会的洪流完全淹没，离自己的幸福越来越远。

我们常常会把"知足"和用佛系伪装的"丧气"搞混。

所谓"知足"，既不是拒绝用心生活的借口，也不是懒惰和畏缩的托词，而是在尽力体验过人间百味之后，选择享受过程、看淡结果。

丧气的人是什么样子呢？大概是，在涉世未深时，就自以为看破了红尘世事，心甘情愿地画地为牢、作茧自缚，不认真工作和生活，甚至做出一副玩世不恭的样子，摆出老练者的架子，嘲讽其他好好生活的人；抑或是，在年纪轻轻时，就失去了笑对苦难的勇气和度量,身未老、心先死,房间几百年不打扫一次,节假日里也不去读书和旅行,每天一上班,就端着保温杯跟别人大聊特聊东家长、西家短,却不会谈及梦想。

习惯,习惯,长久到成了"习"的言行和思想,是会有"惯"性的。

当你习惯了丧气,习惯在现实面前一味低头,将就着过日子,你就会发现,理想中的那个"更好的自己"正在不知不觉间与你背道而驰。

生活真的很残酷。一生当中,我们都要面对数不清的规则、非议和刁难,我们只能安慰自己,这都是为了生活,这就是生活。

和那些未老先衰的"丧气"者不同,知足的人从来不会拒绝生活中的竞争和挑战。因为他们知道,"尽吾志也,而不能至者,可以无悔矣"。在经历了无数的失落、沮丧和努力付诸东流后,他们虽然有足够的理由选择堕落,却依然满腔斗志、无比坚强。

希望你能成为自己的"斗战胜佛",不求身披铠甲、脚踏祥云,只求在认清自己的不足之后,依然有勇气笑对"八十一难",爱生活也爱自己。

别说你还年轻，
一眨眼就老了

今年元旦时，我照例翻出年度总结笔记，准备记录过去一年的生活。可是刚翻开笔记本，上面的文字就吸引了我。

在笔记的第一页上面，写着我在去年元旦时留下的年度计划：

1. 读完100本书；

2. 减肥，至少瘦到55公斤以下；

3. 考下驾照；

4. 在国家级期刊上至少发表一篇学术论文；

5. 去俄罗斯看贝加尔湖；

6. 学会拉小提琴，至少会拉一首自己喜欢的曲子。

我看着这几行文字，忍不住陷入沉思：我每年的计划其实都大同小异——减肥、旅行、好好工作、读书学习、少熬夜……可是这么多年了，我几乎一个都没有做到。

每年读完100本不同领域的书籍是我对自己的硬性要求。其实，只要我每天能抽出一小时左右的时间来读书，实现这个目标就不困难。可是时间在我这里却像是一块晒干了的海绵——我似乎每天都为工作和学业忙活得脚不沾地，连区区一小时都挤不出来。

　　减肥的目标早在5年前就已经定下，节食锻炼的日程规划也写了好几篇。可是凡事"做起来"远比"说起来"难。一想到每天要在健身房里累死累活、挥汗如雨，我就忍不住腿肚子打战。曾经我在家里墙上贴满了励志减肥的标语，甚至在冰箱上都贴了"封条"，多年来，家里的励志标语越贴越多，我的体重却从来不见有减。

　　学习拉小提琴是我从小到大的梦想。小时候因为家里经济条件不好，所以只能默默收起梦想，望"琴"兴叹。长大后自己挣了钱，我却又开始推三阻四，今天太累了，明天没时间，下个月还得出差……我以为到了下个阶段我就会有时间，我以为重新再来一年，我就会有一个新的转变、新的开始；可是一年又一年过去了，我的生活和梦想却依然一成不变。

　　我的时间都去哪儿了呢？

　　第一个闯进我脑海里的词是工作。是的，工作是一个百试百灵的绝佳借口，可以轻松让自己逃脱内心公正的审判。可是我在忙于应付工作而无暇读书、减肥、学习的时候，却偏偏还有时间上网打游戏，有时间追番看热剧，晚上回家后也有时间躺在床上玩手机，机械地刷微信、微博、抖音、B站……一直玩到半夜十一二点。我真的那么忙吗？

　　也许，不是因为我太忙了，而是因为我太拖沓、太懒散。我总觉得自己还年轻，今天做不到的事情，反正还有明天；今年实现不了的目标，推到明年实现也无所谓。可是，人的思维都是有惯性的，当我习惯了以年轻和忙碌为理由粉饰自己的拖延时，梦想就只能沦为做梦、白想。

我想起了大学时代跟我很像的一个朋友金子。

金子是一个微胖的南方女孩。她性格温婉善良，很有亲和力，唯一的毛病就是不喜欢行动，做事太容易打退堂鼓。

刚上大学时，金子就喜欢上了学校里的校草。校草高高瘦瘦的，喜欢打篮球，还是校篮球队的前锋。金子发现自己别说运动了，连出门都很少。为了培养跟校草的共同语言，金子去学习打篮球。可是她的动作老是不标准，勉强上完一节课后，她就打了退堂鼓。

室友不忍心地说："我也学过篮球，下次我跟你一起去吧，我教你！"

金子坚决地摇头："我不太适合这种剧烈运动，还是不要自费力气了。"

于是，金子轻松说服自己放弃了篮球和校草，每天除了上课，剩下的时间恨不得挖个坑、埋点土把自己"种"在寝室里。虽然偶尔在校园里遇见校草时，金子还会重新燃起回球馆练球的雄心壮志，可是她的雄心斗不过快餐外卖、炸鸡腿，更斗不过游戏、韩剧和小说……到了最后，金子只好一边翻着星座配对的小册子，一边自我安慰说，只要她和校草命中有缘，校草就一定能从她灰头土脸的外表下看到她美丽深刻的灵魂。可惜，生活的真相就是"上帝在为你关上一扇门时，往往还要顺手把窗户锁上"。被金子寄予厚望的校草偏偏就是一个只看外表的"肤浅之人"。在大二快结束时,校草在一场全市大学生篮球比赛中,跟女子篮球队的漂亮女前锋相识相交,并成了情侣。彼时的金子依旧躺在寝室里,一边抱着薯片猛吃,一边对着韩剧里深情又帅气的男神欧巴们顾影自怜。

后来,金子忽然发现身边的许多女生都学会了穿衣打扮,只有自己终日素面朝天、不施粉黛,每天穿一身洗得发白的麻布衣服,活脱脱一个从年代剧里跳出来的"非物质文化遗产"。

金子痛定思痛,决心要彻底改变自己。她在网上搜罗了几个美妆技巧,咬牙买下好几套漂亮衣服。可是当琳琅满目的美妆华服全摆在自己面前时,金子又开始犹豫起来——从今以后,她就得开始和其他漂亮女生一样,每天早上对着镜子费力打扮,平日里还要注意健美塑形、护肤美白、配色穿搭……真是想想都觉得头晕目眩。

于是,金子再度打起了退堂鼓。她把变美的目标连同自己买的那些漂亮妆服一起束之高阁,还美其名曰为了省时省钱。直到大学毕业,金子还留着入学时的那一头乱发,穿着款式过时的旧衣,站在身披锦绣、光鲜靓丽的同学们中间时,显得格外不搭。

有目标很重要,有行动更重要。如果你始终固守着老样子,懒洋洋地不肯为自己的目标付出行动,把一切该做的事情都推给明天,我敢保证,未来一定不会好好待你,你的梦想也一定不会实现,因为你不值得。

曾经听过这样一则笑话。

从前有一个梦想着发财的年轻人,他每天都会去教堂,对着上帝的画像虔诚祷告:"仁慈的上帝啊,请念在我虔诚信奉您的分儿上,让我中一次彩票吧!"秋去冬来,一年过去了、两年过去了……年轻人从未停止过每天的祷告,可是他的上帝却从来没有帮助过他。

后来,年轻人终于对上帝彻底失望,他悲愤地闯进教堂,指着画像上的上帝破口大骂:"枉我对着你虔诚祷告了这么多年,你却到现在也没有帮我中过彩票,你还算什么仁慈的上帝,你就是一个不折不扣的骗子!"

上帝终于无法忍受了,他威严地显露真身,说道:"亲爱的孩子,我也很想帮助你中彩票,可是你至少得先去买一张彩票吧!"

伏尔泰说:"人生来就是为了行动,就像火光总是向上升腾,石头总是向下坠落。"

那些"出师未捷人先丧"的人,他们虽然有梦想,但不愿意为之行动;虽然有自知,但不愿意做出改变。他们终日活在自我安慰的世界里,靠着手机和网络提供的快感麻痹自己,直到在日复一日的"丧生活"中消磨掉最后的一点斗志,慢慢变成被成功者们踩在脚下的滚滚红尘。

别让梦想只停留在梦里,否则,就算你的心里溢满了宏图大志,你能做的只能是年复一年地在计划本上把梦想Ctrl+C与Ctrl+V(复制与粘贴)而已。

别说你还年轻，时光一眨眼就过去了。不要等到垂垂老矣时，才后悔一生从未追逐过、努力过。既然心有梦想，就请你从现在开始行动起来，哪怕只能前进跬步，你也已经开启了自己的征程千里。

教养，
是一个人最好的名字

冬季的清晨，太阳隐隐露出头，还没来得及把温暖洒向大地，城市里的人们就已经开始忙碌起来。

学生们背着书包，拿着早点，赶去学校上早自习；工薪族们步履匆匆，赶着坐公交或地铁，生怕拖延一秒，遇上堵车，影响及时到单位打卡，扣发当月奖金。可是当他们急匆匆地冲进地铁时，却被眼前的景象惊呆了！只见跟他们一同进来的，还有一群体格健壮的农民工兄弟。

农民工们穿着汗涔涔、油腻腻的工作服，刚从工地上干完活儿，准备乘地铁去火车站赶着回家过年。看着他们，上班族们的心一下凉了半截，无奈且无语，他们只能自认倒霉：今天免不了上班迟到挨罚。在这群农民工中，突然有人喊了一句："我们先让上学和上班的人先走！"

一声令下，大部分农民工兄弟退出了拥挤的人群。为了不影响其他人的出行步伐，这群农民工兄弟各自拿着行李，走到候车通道的墙根下，他们或站着或坐着，默默为早高峰让出了通道，静静地等待着人流退去，他们才踏上地铁，去往火车站。

也许农民工大多给人的印象是文化低、粗俗,他们主动为早高峰让路的举动,让我们看到了他们不为人知的一面,也体现出他们自身的一种教养。

真正的教养,不是体现在衣冠楚楚、事业有成上,而是体现在琐碎生活中的方方面面。无数的小事都可以体现一个人的综合素质,天长日久,这些行为就成了一个人的习惯,"有教养"就成了一个人最好的名片。

在日本,我认识了正在读博士的学长地瓜。地瓜常年生活在国外,在留学圈里也没什么朋友。据说,地瓜是一个性格很冷漠的人,甚至在他的母亲病重时,他也没有回过家,在国外这几年里更没有给家里打过几通电话。亲友们对他谩骂不断。地瓜没有任何辩解。

地瓜出生在农村,父母都是地道的农民,家里的经济条件并不好。他从小聪明好学,因为家里穷,父母多次要他辍学打工赚钱养家,他不愿意就此放弃读书,硬是在他自己的坚持下艰难地读完高中,又以优异的成绩考上大学,拿着全额奖学金出国留学。他还时不时把省吃俭用的钱寄回家。然而,地瓜的家里人认为,"一步登天"的地瓜理应尽全力帮助家人和亲友。不仅每个月要求他寄的钱越来越多,后来甚至要求他给家里的亲戚出钱换房、买车、找工作……一次又一次地要钱,远远超出地瓜的实际能力。最终,地瓜不堪其扰,选择了与家人彻底断绝联系。

谁不想合家团圆、欢聚一堂?在外人看来,地瓜是一个不知尽孝的恶人,可是了解内情后,谁能简单地评说个中是非呢?

这是一个新闻媒体极其发达的时代,也是一个在语言上"人人自危"的时代。生活在这个时代的人们,似乎每个人都摩拳擦掌,时刻准备着骂人和被骂。甚至一句话都能引起一场"问候"彼此家人的"大战"。可是骂完之后除了空虚,我们还能为自己留下什么?

真正的教养就是谨慎出言。懂得语言的力量足以在无形中"杀人",在不了解事情内情的时候,绝不轻易评说。

真正的教养就是感同身受。能够随时顾及他人的感受,用善意化解陌生时的隔阂,既不戳人痛处,也不随便"站队"。

真正的教养就是"不忍"。能够用温柔和真诚的同理心对待生活中的一切,碰倒了玩具熊也会把它扶起来揉一揉,踩到了陌生人的脚会立刻道歉,就算手里只有一串冰糖葫芦,也会分给朋友一半。

最后,希望我们在步入社会、成为自己想做的人之前,都能先学会真诚和善良。

成功和失败，
差的只是一个放弃的距离

今天清晨似乎不同于此前任何一个冬天的早晨，天气出奇的冷。我推开窗，领略着从西伯利亚远道而来的刺骨寒风裹挟着漫天飞舞的雪花，毫不留情地扑打在我的脸上，像一柄柄钝刀似的厮磨着我的皮肤。我吓得连忙关紧了窗子。

我本就不喜欢出门，在这种风雪交加的极端天气里外出就更是难上加难了。若是在以往，遇到这样的下雪天，我肯定要躲在家里"猫冬"。无奈的是，今天我偏偏因为公事非要出趟远门不可。于是，我只能近乎垂死挣扎地披上家里最厚的大衣，顶着寒风暴雪往公交车站走。彼时正是工作日的通勤时间，可街道上的行人却少了很多，取而代之的是一辆接一辆满载着乘客的出租车。它们闪烁着橙黄色的雾灯，小心翼翼地在新积的雪地里留下一道道忙碌的车痕。若不是在今天出门，我未曾想过这座小城里竟然藏着这么多等候雪天的出租车。

我深一脚浅一脚地在雪地里前进着，还未走到站点，我就远远地看见两个人站在公交站台旁边跟我一样瑟瑟发抖。他们一边像踩节拍似的搓手跺脚，一边不时地向远处张望，似在焦急等待着什么。

从他们衣帽上的积雪来看,他们已经在这里等待了很长一段时间。我慢慢抵达他们的身边,并非有意却十分好奇地听起了他们的对话。

戴黑帽子的男人说:"早知道连公交车都等不到,我就不出门了!这种鬼天气就不该出门!"

围红围巾的女人说:"再等等吧,我们都已经等了这么久了,也许再过一会儿车就来了呢。"

"红围巾"女士的话音刚落,远方的地平线处就出现了一个模糊的光点。那光点朝我们缓缓开来,在雪幕中扩散成一道光带,我们看清了,那是一辆公交车。

我跟另外两个人都欣喜若狂,神色虔诚地向这辆公交车行注目礼。可是等它终于缓缓开进站台时,我们发现它不是我们要等的那趟车。

车门打开,公交车把一个个被棉毛包裹全身的人们从车厢里倾泻出来,又再度无辜又张扬地喷着尾气缓缓离去。我目送着它的光影一点点在雪中消失,忽然感受到了世界对我的莫大嘲讽,心里不由得凉到了冰点。

"黑帽子"先生似乎已经愤怒到了极点,他恶狠狠地一跺脚,骂道:"什么公司,什么会议,我还就不去了!大不了辞职!"

"红围巾"女士面露犹豫,拽住同伴的胳膊,柔声细语地安慰:"我们都等了这么久了,兴许再等一会儿就有车了呢,不要半途而废呀。"

"雪下得这么大,怎么可能还有车来?我今天哪儿都不去了,回家睡觉!"

"黑帽子"先生说完,愤愤地扭头就走。"红围巾"女士只好快步跟上。一红一黑的两个人很快就消失在了银白色的雪幕里。

这两个可爱的同伴走了之后,我的心里也开始打起了鼓,我已经站在这里等了快一个钟头了,我还要不要继续等下去呢?然而,就在我即将放弃的时候,我所等待的那趟公交车终于姗姗而来。

我刚迈步上车,车厢里温厚的暖气就迅速包裹住了我。车里的温暖和外面的冰雪寒天成了鲜明对比。那一刻,我无比庆幸自己的坚持。

想想人生不也是如此?很多时候,成功其实就出现在我们快要坚持不下去时,再坚持一下之后。"行百里者半九十"的道理人人都知道,可惜生活中还是有许多人在未看见成功的曙光之前,就在中途草草投降、宣告放弃。

选择放弃的理由有很多——因为遭遇了挫折,因为耐不住寂寞,因为付出后迟迟等不到收获……成功的路上其实并不拥挤。多数人都会有"山重水复疑无路"的经历,可是能够忍受住寂寞和困苦的双重打击,最终等来"柳暗花明又一村"的绝美景色的人,往往只有那么几个。

无论你现在正在经历着什么,无论你此刻的生活有多苦多难，都请你不要轻易选择放弃。这世上从来没有任何一种坚持会被辜负，你距离心中所盼的成功，只差一个坚持到底的距离。

夏伯渝爬了一辈子山，可他一直没有征服过那座自己最想爬的山。

他曾经是国家登山队的成员，他最想登顶的那座山，是珠穆朗玛峰。

四十多年前，年轻气盛的夏伯渝就曾经带队挑战过珠穆朗玛峰。可惜因为当时准备不够充分，他们只能从半山腰匆匆下撤。途中，他主动把自己的睡袋让给了高烧不退的队友，队友的性命是保住了，可他自己却因为一双小腿冻伤而截肢。

尽管那座终年积雪的高峰残忍地夺去了他的双腿和他挑战群山的热血生涯，可是，珠穆朗玛峰却成了夏伯渝重新站起来的最大动力，当年没有登顶珠穆朗玛峰也成了夏伯渝心中最大的遗憾。后来，每当午夜梦回时，他思及珠穆朗玛峰，口中念叨的都不是曾经让他跌入万丈深渊的截肢之苦，而是登顶。

几十年来，夏伯渝从珠穆朗玛峰高耸入云的阴影中慢慢走了出来。他的确接受了现实，可是他还要反击现实！

为了这个登顶珠穆朗玛峰的梦想，夏伯渝每天坚持高负荷的体能训练。很多时候，当训练结束时，他的大腿都会因为和义肢磨合的时间过长而鲜血淋漓。也许，他也喊过痛吧！可他从来没有说过放弃。

当年一起挑战珠穆朗玛峰的登山队成员中，只有夏伯渝一个人还在坚持着这个梦想。在失去双腿之后的岁月里，他就像一个悲情的勇士，一次又一次冲向珠穆朗玛峰，一次又一次地因各种意外与登顶失之交臂。直到43年过去，他才终于实现了登顶的梦想，以69岁的高龄站在了珠穆朗玛峰的山顶上。

只有极少数耀眼的成功是一蹴而就的。绝大部分的成功者，其实都曾是屡战屡败的人。然而，就算屡战屡败又如何？只要信念不灭，我们就还能重整旗鼓、屡败屡战。

成功的人从来都不是那些"永不失败"的人，而是那些永不放弃的人。当我们全力以赴、向前奔跑时，世界自然会为你让路。

困难对于有个性的人总是特别有吸引力，一个有理想、有个性的人在面对困难的时候，才会真正认识他自己。

"坚持"应该是世界上最包容的品质，它关乎百折不挠的勇敢，关乎自知知命的智慧，关乎夙兴夜寐的努力，关乎乘风破浪的梦想……成功和失败之间，也许差的就是一个"坚持"的距离。这个距离换算成时间，可能会是一个月、一年，也可能是十年八年，甚至会是一辈子。

就算真的要付出一辈子，只要信念足够坚定，梦想的力量也一定能跨越山河岁月，为你带来"成功"的水到渠成。

一个成熟的人，不仅需要理想、眼光、行动，更需要坚持。如果没有坚持，理想再伟大、眼光再超前、能力再出众，最终都会一事无成。想想当下很多人，遇到一点困难就打退堂鼓，事情稍有不顺就自暴自弃。如此人生，岂不虚度？

不要抱怨"黄蜂偏蜇泪人面",也不要因为暂时的一无所获而愤懑不平。你曾经走过的路、流过的汗,都不会被辜负,它们都会成为你气质的积淀,陪伴你走过一生。到最后,即使你的坚持和努力不能让你成为你最向往的人,你的付出,也一定可以让你变成这世上独一无二的自己。

容易走的路
都是下坡路

板栗的老家在广西山区,刚来大连的时候,她操一口带有浓重口音的普通话,让人一听就听得出一股南岭上艳阳天的味道。她说话时总是一字一顿的,也许知道自己说得不好,每次说不了几句,板栗自己都要先笑起来。板栗长得不算漂亮,可是她的笑容就像日头初斜时透过窗户洒在被子上的阳光一样,灿烂却不刺眼,温厚又不炙热,让人舒服。

板栗是我见过的笑得最好看的人。板栗也是我见过的最爱学习的人。

很多人不知道,汉语环境下语言学专业的学生最忌讳的问题之一是普通话不标准。因为普通话的发音好坏,很大程度上影响着一个人在使用外语时的发音方法。

板栗在上大学之前基本没说过普通话,于是,发音就成了难倒她的问题。直到大一第一学期快结束时,她的外语发音仍然七拐八拐、节奏颇奇,乍一听还以为是在唱RAP(说唱音乐)。

后来,记不清从哪天起,我们听见板栗在走廊里练习发音。虽然她的音调还是拐了山路十八弯,可是从那以后,她每天坚持练习。我们暗暗笑她自不量力，也不愿理她。

可是谁也没料到，执着的板栗用一年的时间矫正了自己的发音。此外，她还拼命学习专业课知识，努力模仿日语和英语广播中的标准发音。到大二分专业的时候，我们才惊奇地发现：曾经那个默默无闻的板栗不仅悄悄考下了普通话二级甲等证书，还出人意料地凭着一口流利的日语和扎实的基本功获得了外交部提前遴选资格。

进步卓然的板栗理所当然地被人们推到了演讲台前。

虽然提前准备了演讲稿，可是板栗没有用。她站在台前憨憨一笑："我其实没有什么学习秘诀。我每天早上5点起床，然后开始晨读、锻炼、学习，和大家一样。"

我暗暗汗颜，想起自己每天早上7点才能勉强睁开眼睛，若是没有早课，还要赖床好一阵才能下床洗漱。

台下有人问她："你那么早起床……不困啊？"

板栗笑着说："当然困呀。可是你知道吗，在我们广西山区，同样一段山路，向上走时永远比向下走要累得多。所以每当我感觉累的时候，我就会提醒自己，我现在是在向上走呢！"

是啊，这世上凡是向上的路都不好走，容易走的路都是下坡路。

如果觉得此时的生活艰辛难熬，如果感觉自己已经筋疲力尽、几欲放弃，不妨先暗暗为自己庆幸吧，你现在是在向上走呢！

壹壹表姐和我上同一所大学的同一专业。她大我两届，在学院里品学兼优,无论是在班级里,还是在社团或者学生会中,她都是师生皆知的中流砥柱。我在刚入学的时候没少受她照顾。有一次我和壹壹表姐一起吃饭,不到半小时的时间里,她居然接了三通电话:第一通电话是学生会的干事打来的,想让身为学生会会长的壹壹表姐确定一下迎新晚会的邀请名单和海报样式;第二通电话是专业课导师打来的,想让壹壹表姐下午去办公室进一步讨论论文;第三通电话是社团成员打来的,想请壹壹表姐确定下周比赛、晚会等活动出席的人事安排,又简单汇报了一下之前的工作。

现在这个年代,除非是十万火急的事情,平时很少有人打电话。可是壹壹表姐的电话却像一个"不定时炸弹",时不时就会响起来。壹壹表姐告诉我,为了不耽误公事,她的手机只能24小时保持开机状态。我虽然没见过电视剧里的霸道总裁有多忙,但我总觉得壹壹表姐的忙碌程度绝不在他们这些人之下。

我坐在壹壹表姐对面看得目瞪口呆,她却气定神闲地把工作一个接一个处理好,时不时忙里偷闲地拿起筷子往嘴里囫囵扒饭。

我忍不住问她:"你每天这么忙来忙去的,难道不累吗?"

我以为壹壹表姐肯定会借机好好给我灌几句励志"鸡汤",谁知她却坦然地点头答我:"当然累了,尤其是最近这段时间,我都快累死了!"

"可是,"壹壹表姐若有所思地说,"再累也得坚持下去。"

迎新晚会那天，因为壹壹表姐的关系，我得以借着一个后台助理的身份从人头攒动的观众席逃脱，跑到后台看热闹。原本一切程序都进行得很顺利，可就在晚会即将开场的时候，主持人突然报告说，负责舞台灯光的同学失踪了，打电话也联系不上。

在幕后准备的同学一下子乱成了一锅粥：还有不到10分钟就要开幕了，没有灯光可怎么办？

壹壹表姐沉默了几秒，就迅速下达指令："在后台的所有人都不要慌！小A和小B马上去后台卫生间找一下人，如果找不到就再去自习室和寝室找。小C，你马上问一下学生会技术部的成员，看看有没有其他人会操作舞台灯光，有的话就马上让他们过来。小D，你继续给负责灯光的同学打电话，直到联系到人为止。其他人一律回到各自的岗位上！"

有了壹壹表姐这个主心骨，大家很快就镇定下来，继续自己的工作。技术部的替补成员很快赶到后台，原本负责灯光的同学也跟后台取得了联系，原来他因为中午吃坏了肚子，一直待在后台的卫生间里。最终，晚会按时开幕，一切流程都非常顺利，仿佛刚才的混乱并未发生过。

壹壹表姐这个"中流砥柱"真不是白当的。壹壹表姐过得是辛苦，可是如果没有平时的种种历练，没有各种繁杂问题的处理经验，她不可能有今天临危控局的镇定自若。

活在这世上的人，哪有一个不累的？其实，谁活得都不容易。有些人之所以外表看起来毫不费力，只是因为你没看到他在背后付出的努力。

人生是一场千帆相竞的逆水行舟。轻松舒服的道路只有一条，那就是随波逐流、不停倒退。可是这样的路，你真的喜欢吗？

大连火车站的出入站口有一部滚梯和一部楼梯。选择滚梯的人通常有很多，而楼梯上却空空荡荡的，始终没有几个人走。我以前也会选择等滚梯，试着跟朋友走了一次楼梯后，发现我们上下楼的速度居然比坐滚梯还快。发现这个有趣的对比之后，我就开始喜欢走楼梯了。

有时候，看似是捷径的道路未必真的省力。因为容易走的路总是人挤人，而人多的地方自然也充斥着各种无谓的竞争和吵闹。这世上人人都想抢到看上去毫不费力的机会，这当然无可厚非。可是，为了争夺有限资源而互相倾轧的痛苦难道就不艰辛吗？千人相竞的独木桥难道就比尚未有人开辟的荆棘路好走吗？很多听起来极其浅显的道理，人们忙着忙着就忘了。

人们总是害怕向上走的压力。如果把走过的人生路比作在攀爬一座无顶山，那么大多数人一生都只在山脚附近游走。爬山的时候，越是往山上走，身边同行的人就越少。这是因为只有少部分人才能大着胆子、耐着性子向上挑战。在这些向上走的人们当中，还会有很多人在困难和打击的牵绊厮磨中败下阵来，默默地卷起铺盖和雄心，重新走回半山腰的安全地带。只有那些既具备了征服高峰的野心，又做好了迎接苦难长期洗礼的准备的人们，才能有机会登临绝顶，终有一日，俯视那些仍然在山下苦苦挣扎的绝大多数人。

愿你，知命但不信命，战胜对前路的恐惧，勇敢地向上攀登。愿你，认真听清心中拒绝命运摆布的嘶吼，在人生的道路上做出符合自己心意的选择，然后坚持为之努力到极致。虽然山顶很冷，但山顶上的风景真的很美，不要怕、不必悔。

以梦为马，
先让马跑一会儿

  我高中时候的死党西瓜是个不折不扣的文艺青年，在很多人家里还没有电脑的时候，他就已经开始在网络上写小说，时至今日也称得上是网文界的老资格。论文笔论学识，S大中文系硕士毕业的西瓜自认为和书架上的那些"大牛"绝对不遑多让，可偏偏他写的小说总是反响不大。西瓜不气馁，又"转战"报纸杂志，每天盯着各路约稿函认真写作，撒网一般地投稿。可是那些稿件往往如泥牛入海，少有回音。

  看着网络上日益受宠的总裁文儿之流，西瓜常常抱怨："老天真是无眼，如果我能再活一次，绝不会再涉足文坛。"

  大学联谊时认识了好朋友菜菜。菜菜跟我说，高中时她是个超级努力读书的人，每天伏在案前苦读十几个小时也不肯休息。周末更是要求自己必须学习到凌晨才可以睡觉。她的每一科笔记都记得像教辅材料一样图文并茂，错题本更是被班里那些懒得自己动手整理笔记的同学广泛传印。尽管菜菜这样勤奋用功，但她的学习成绩还是一直处在专本之间的尴尬地带，高考时虽然超常发挥，但分数刚刚爬上二本线，被第二志愿的N大录取。

提起高中时代的勤奋刻苦，菜菜常常唏嘘："当时为了考个好大学，不惜让习题和考卷填满青春时代最美好的年华，可那么多心血终究还是白费了。"

公司同部门的艾米是同事们公认的工作狂。刚刚毕业的她获得公司的实习资格之后，就仿佛开启了"拼命三娘"模式。我们所在的公司是业内数一数二的企业，内部竞争非常激烈。艾米为了尽快得到转正和晋升，常常加班到深夜。一天二十四小时除了吃饭和睡觉的几个小时，剩下的时间她不是在工作就是在工作的路上。只是因为公司人才济济，考核又格外严格，直到两年后艾米才终于转正。可是这时艾米却突然辞职了。

后来在咖啡馆遇到艾米，彼时她已是一家小型公司的副总。被问及当初离开公司的原因，艾米感叹道："我曾经付出了那么多努力，在那家公司里根本得不到等价值的回报，不如早点换个工作，省得白白费力。"

也许你常常会这么问自己：为什么我的努力得不到回报呢？难道真的是命运难违，或是老天无眼？

答案其实很简单，只有两个字：耐心。

每个人都有自己的梦想，可是追寻梦想的道路却并非一帆风顺。面对困境时，人们总会迷茫无助，甚至开始怀疑自己是否选错了方向。

在寻梦之旅中，有的人因为遇到荆棘而止步不前，留在了旅途开始的地方；有的人虽然在一开始披荆斩棘，却最终因为各种原因放弃了继续前行，无比遗憾地把自己的足迹停留在半路上。只有那些既能勇敢挑战困难，又能忍耐成功之前的煎熬的人，才值得分享实现梦想的喜悦。

其实你未必不能成功，只是你还不能学会沉下自己追求目标的焦躁之心。在追寻梦想的道路上，一旦稍有挫折，你就开始踌躇不前，开始怀疑自己，甚至还要往回走，与梦想之门越来越远……

这就可以解释刚才那个问题：为什么你的努力得不到回报？栽树必有荫，其实这世上没有任何努力是毫无效果的，你的努力永远不会白白浪费。只是当我们陷于困境之中时，绝大多数人往往会丧失继续前行的勇气。如果你能在坚持不住的时候再努力一下，在想要退缩的时候再等一等，也许你就会发现，成功就在不远处等你。

古印度哲人说："成功等于创新的思维加勤奋的汗水，以及等待成功慢慢'发酵'的耐心。"

我更愿意把等待成功的这份耐心看作一个人能否实现梦想的决定因素。成功女神其实一向都很公平，如果你只是浅尝辄止，或者一遇到失败就退回原地，那么你即便身怀十八般武艺，也终究难逃一事无成的结局。

在这个日益喧嚣的世界里，多的是可以走捷径的事。但也正因如此，才更体现出守住一份耐心的重要性。也许，你和成功者相差的就是那份在面对困难时坚持走下去、等待成功到来的耐心而已。

所以,年轻人,别急着抱怨命运的不公。在寻梦之路上坚持不下去时,你不妨再等一等。你的努力终将有所回报。

太累了，
就躺下

我越来越觉得，现代人真是太努力了。

去年春节，全国人民几乎都放假了，但是我给阿超发微信拜年的时候，阿超却跟我说，他还在电脑前写代码。

我说："程序员这么可怜吗？大年三十还在加班。"

阿超回："是哦，那也没办法，谁让我们公司的合作对象都是外国人，人家不过中国春节。我们就只能照常加班了，只不过是在家里加班。"

"这个月你都连着加班两个星期了，这都大年三十了，你好歹休息一天，给自己放个假吧！"

"没事，过年加班有三倍工资呢。我趁着现在多攒一点钱，等今年放长假了，我准备去旅行，到时候再好好休息吧！"阿超回了我一个"努力加油"的表情，就不再搭理我了。可是他不知道，类似"等放假以后再去旅行和休息"这句话，他已经连续说了三年，却因为工作太忙，一次都没有实现过。

我刚到日本的时候，几乎花光了所有的积蓄。那个时候我没有什么固定收入，日语也不算很好，所以在很长一段时间里，我都只能靠在工厂打工和上一些网络课赚钱养活自己，顺便贴补家用。那间工厂里绝大部分下车间的工人都是中国人和越南人，还有极少数的印度人和欧美人。整间工厂每天24小时不休息，全年都处于运转状态，中国人主要负责白班，越南人主要上夜班。

流水线上的工作没有什么趣味性可言，唯一的消遣只有跟其他人聊天。聊天的内容也无外乎是收入和未来。我还记得某一天，分配的工位恰好在我旁边的一个大哥忽然问我："你们学生每天在这边兼职几小时？挣得多吗？"

我说："我一天出勤8小时，每天的收入是8800日元。"

他点点头，若有所思地说："唔……那还不错，我们这种正式工每天至少得上12小时呢，一周至少出勤4天。唉，还是你们学生轻松。"

这间工厂的工作强度非常大，每天8小时出勤对我来说已是极限。一天24小时里要拿出一半以上的时间待在这个要么极寒、要么极热的车间里，这种感觉，我连想都不敢想。

"您每天这么频繁和高强度地工作，不累吗？"

"累啊，咋不累呢？"大哥低着头，手上的活儿一点没停，"但是得养家呀，我爸妈、老婆、孩子都在日本，我儿子今年还得上幼儿园，哪里都要钱。我现在最怕的不是累，而是怕工厂给我排的班不够多。其实越累我越高兴，至少我多累几天，我就多挣一点。"

我曾经看到一则视频新闻。一名男子喝多了，在地铁站台醉得走不动道，旁若无人地躺在冰凉的地上。

在视频里，男子的脸看起来特别稚嫩，应该是刚毕业走出校园没多久。地铁站的工作人员让他起来回家，他醉得舌头直打结，也不起来，只是特别抱歉地跟工作人员一遍遍叨咕着"对不起，对不起"。

工作人员无奈地扶他坐了起来，又征得他的允许，掏出他的手机给他女朋友打了电话。过了十几分钟，他女朋友过来了。原本乖乖坐着等人的他，远远地看到走过来的女朋友，突然大哭了起来，一边哭一边声嘶力竭地说："宝宝，我对不起你啊，我太没本事了。跟我在一起委屈你了！"

后来才知道，男子和他的女朋友都是刚毕业2年的普通白领，身为南方人的女朋友为了他才远赴北方，跟他一起来到大城市打拼。可是两个人拼命工作了2年也没攒下什么钱，买不起房，更不敢结婚。

视频里，酒醒后的男生的脸庞显得更加稚嫩，他挺不好意思地解释说："我是做销售工作的，那天是陪客户喝酒才喝到爬不起来，不是故意要给地铁站的工作人员添麻烦的。真的非常对不起。"

拍摄视频的记者问他："你当时见到女朋友之后，为什么会突然哭出来呢？"

他微微愣了一下，然后笑着说："我也不知道，可能是因为毕业后才发现，生活真的挺难的吧。"

你有没有发现：随着年龄的增长，身边的人越来越忙？他们有的是为了自己而忙，有的是为了家庭而忙，有的是为了爱人而忙……越来越多的人一边忙碌一边迷惑，越忙碌越迷惑，可是又不敢停下来。因为无人知晓，在如今这个发展速度恨不得比肩火箭升空的时代下，停下脚步的后果究竟会如何。

从什么时候起，我们开始发疯一般地追逐"忙碌"了呢？

我们和着各大媒体鼓动的节拍，在时代速度的裹挟下，拼命地工作，想尽办法让自己忙碌起来。为了"努力"可能带来的好结果，我们不惜牺牲自己的健康、家庭、快乐……然而，我们似乎忘记了，我们拼命努力的目的不就是获得我们所牺牲的那些健康和快乐吗？

人人都想成为希腊神话里的英雄，打造自己的传说，这无可非议。人人都想赚到更多钱，让自己和爱人看到更多的世界，给自己所爱的人更好的生活，这也高尚得令人感动。然而，人生毕竟是一场马拉松，而不是百米赛跑，最重要的不是跑得有多快，而是能坚持跑多远。

你若在一开始就用力过猛，导致身体累垮了，中途退赛了，那么就算你前期跑得堪比飞人刘翔，又有什么用呢？

生活其实挺难伺候的。虽然我们打小就知道，要努力奋斗、坚强勇敢，要努力练就"金刚不坏之身"……但是，这并不妨碍一个人适当地排解情绪。活在世上都不容易，累了就躺下，难过了就哭一会儿。这不是畏难者的脆弱，而是在该发泄的时候好好发泄一下，今天好好歇一歇，明天再继续努力。

　　生活不易，愿你持续而有节制地努力，步伐坚定，内心温柔，在向上攀登的路上，不要忘记适当走走停停，欣赏一下沿途的美妙风景。

part 03

走自己的路，
你就是自己的超级巨星

我们总是很容易看到别人的耀眼光芒，
却忘记了，
自己也是光芒中的一缕。
你可以走自己的路、做自己的梦，
过自己喜欢过的人生，
没必要照搬别人的剧本来演自己，
因为你就是自己的超级巨星。

我们的"自己"
都去哪儿了

当你出门旅行时,在行李特别多的情况下,你会选择走楼梯还是坐滚梯?

也许有人要说了:"答案不是显而易见吗?当然是坐滚梯了,又快又方便。"先别着急回答,请你再想一想,这个问题的答案真的是显而易见的吗?

我看过这样一幅漫画,想必你也看过。

漫画里只有一部滚梯和一道楼梯。可是,滚梯上从头到尾都挤满了人,后面还有一大群人排队等着挤上去;而楼梯上的人却寥寥无几,下面也无人排队,只要肯费点力爬楼,几步就能跑上去。在这种情况下,你还会认为滚梯是最快捷方便的选择吗?

这幅漫画的作者原本是想告诉我们这样一个道理——看似是捷径的选择,实际上却未必真的省力。也许又有人要说了:"如果滚梯上的人很多,走楼梯也许会更快一些;但如果时间充裕的话,排队等滚梯不也是更轻松的选择吗?"

是的,你说得完全没错。这就是我想告诉你的事情——如上所述,生活中的许多问题都没有标准答案,我们每个人独特的思考，就是我们自己的答案。

我们都希望自己一生平安顺遂，即使有朝一日与问题们狭路相逢，我们也希望能以最快的速度找到正确答案解决它们。这一点自然无可厚非。然而，对于那些原本就不存在正确答案的社会问题，我们却常常轻易屈服于社会公认的答案，这样真的好吗？

我们获得信息的途径越来越多，可我们心灵的空间却越来越小。我们的脑海里装满了别人教给我们的知识和故事，我们心里塞满了别人告诉我们的正确答案，却唯独没有自己的想法。

为什么我们越来越懒于独立思考了？

的确，说出自己的想法是有很大风险的。一旦自己的看法与社会大众的想法有差别，自己就会变成社会舆论的"靶子"，成为那群吃饱了饭没事做的闲人们站在他们心中正义的制高点上首先抨击的对象。

肯定也有很多人这么想："如果遇到了问题，上网查一查就能找到答案，为什么还要费劲地自己思考呢？我又不想当哲学家，干吗非得独立思考出一个自己的答案不可呢？"

斯福尔扎曾说：人类这一生物在真正成为今天主宰世界的"人"之前，其实和其他动物没有太大区别。即使人类会制造和使用一些简单的工具，这些行为活动也都不过是无意识的生存本能而已。在漫长的自然演变当中，人类之所以成为今天的样子，就在于我们有一个能够独立思考的头脑，我们能够解决更复杂的问题。

纵观人类文明的发展史，文明和科学的许多次重大飞跃其实都与人们的独立思考有着密切关系。比如日心说、进化论……提出这些理论的科学家曾经被许多人批判，可是到了今天，我们都知道他们的思考才是正确的。

所以，一时被世人误解没什么好怕的。只要我们坚信自己的选择正确，时间终会为我们正名。

我们应该都听过一句无比正确的废话："不要在该奋斗的年纪里选择安逸。"道理谁都明白，可是，在该奋斗的年纪里到底该怎么奋斗？奋斗与安逸的区别到底是什么？安逸究竟错在哪里？我们到底凭什么不能选择过安逸的生活？

这些都是隐藏在"正确"表象里的、更深层的问题，它们一直存在着，只是从来没有人告诉过我们答案。

我们被越来越多的"鸡汤"洗脑，被越来越多的励志名言牵着鼻子往前走。于是，越来越多的人开始浮躁和迷茫，无数的人争着抢着要跳出体制内、跳出小城市，跳出所谓的生活的"舒适圈"。他们怀揣着对未来的一腔热忱来到北上广深，在暗无天日的地下室里一边啃冷馒头一边享受着熬夜赶工带来的努力的快感。他们以为，这就是他们应该过的"奋斗的生活"。可是等馒头啃腻了、苦日子过乏了，他们就又开始迷茫了——奋斗肯定没错，那是不是不堪忍受压力的"我"错了？于是，他们再度陷入困惑当中，一边喝着催熟的"鸡汤"补充"鸡血"，一边在无边无际的焦虑当中蹉跎生活。

就像选择滚梯还是楼梯一样,"奋斗"也不是人生唯一的正确答案。很多人一旦找不到社会公认的标准答案,就会毫不犹豫地选择自我放逐,在各种低级娱乐里自我麻痹。他们宁愿选择相信"走的人最多的就是路",也不愿意用自己的头脑去思考和选择。

在如今的时代,我们最不缺的就是"鸡汤"和梦想,我们最缺的是自己。

扪心自问,你现在的工作、伴侣、爱好、生活,甚至是你现在走着的这条路,都是你自己的真正选择吗?

你的"自己"去哪儿了?

不去独立思考是很轻松的,随波逐流也是很轻松的。

你当然可以选择跟着时尚潮流、主观思想、媒体和名流的价值观行动。这样的话,即使你走到最后发现自己走错了,你也可以推卸责任,把自己包装成一个彻头彻尾的"时代"受害者。

可是如果你不想再看那片别人喂给你的世界,如果你不想再成为别人的木偶,你就应该追随自己的内心,用你自己的头脑去寻找答案。

生活在这个溢满了各种纷杂信息的时代里,我们要想不被生活同化,就必须解放自己的头脑,学会思考、学会怀疑。走出学生时代的我们,除了像以前一样好好记住既得的标准答案,更重要的是去寻找属于自己的"困惑",在思考和困惑的反复交替当中,逐渐肯定并坚持自己选择的路。

"路漫漫其修远兮,吾将上下而求索。"无论最终得出的答案正确与否,无论最后选择的道路会不会绕了远,这都是我们找回自己的必经之路。

其实,绕远未必不是好事,生活正因为有了遗憾才显得完整。

找到真实的自己很难,在洪流中坚守自己的道路更难。但我仍然愿你能成为一个真正的勇者,明知前路艰难,依旧勇往直前。

你不会"扔",
就得不到更好的自己

"舍不得"小姐一直自诩是精打细算、会生活的人。

我跟"舍不得"小姐是发小,这孩子打小就特擅长省钱,每次总能比别人更快一步嗅到"打折"的独特气息。若是哪家商场有了特价货,她肯定第一时间收到消息,然后以最快的速度"包圆儿"各种物美价廉的商品。

经过"舍不得"小姐多年来的不懈努力,她家就跟仓库似的,常年堆放着她在各大商场扫来的"战利品"。光是储备的米面油就够她一家人吃上三五年的。哪怕只是去家门口的市场买菜,"舍不得"小姐也常常拎着十几斤蔬菜水果回家,因为多买能抹掉零头。可是东西买多了用不完,"舍不得"小姐又舍不得扔掉,如此一来,一到夏天的时候,"舍不得"小姐家里就跟"虫子开会"一样,到处都能见到各式各样的爬虫和飞虫。一打开屋门还会闻到一股刺鼻的霉味儿。可就算是这样,"舍不得"小姐还是舍不得把发霉的东西扔掉,她总是委屈地说:"那些东西可都是花钱买的呀,扔了多可惜!"

今年年初,"舍不得"小姐买了一套二手公寓。房子虽然不大,可是屋里的陈设却一应俱全,屋内环境也干净整洁。"舍不得"小姐非常满意。为了早点搬进新家,她干脆跟公司请了年假,还叫来我们几个朋友陪她一起收拾。

"舍不得"小姐设想得挺好。可惜"我方"人力虽多,但"敌军"的实力出奇的强大。我们几个身强力壮的年轻人从早到晚忙活了一整天,才把"舍不得"小姐家里囤积的东西打包了不到三分之一。

月上枝头的时候,我细细清点了一下当天的成果:在"舍不得"小姐家里总共找到印着广告的免费伞5把,商场新年大酬宾时送的塑料盆6个,充话费时送的水杯4个,网店买二赠一时抢购的床上三件套6套,逛夜市时趁着店家促销买的塑料雨衣5件。除了这些,还有不计其数的塑料瓶、塑料袋、一次性筷子、包装纸盒……就连在路边派发的那种五颜六色的广告单,"舍不得"小姐居然也一张都没扔,几年下来攒了厚厚的一沓,保守估计得有好几百张。

我扶额轻叹,说:"你房子都换新的了,这些旧东西就扔掉吧。"

"舍不得"小姐立刻反驳:"那怎么行?我都攒好几年了,扔掉的话多可惜!反正这些东西又没有保质期,留在家里,说不定以后哪一天还能用上呢!"

"那你现在用得着这些东西吗?"

"当然用不着呀,你没看它们都落了好几层灰了?可我就是狠不下心扔嘛!"

"这好办,我来帮你扔掉不就行了?"我说着作势帮她扔掉那一厚摞传单。没想到"舍不得"小姐居然立刻跳起来,跑到我面前跟我展开对峙,连气带吓,话都说不利索了:"你你你……赶紧给我把传单放下!"

我看着"舍不得"小姐那副紧张的样子,恍惚间觉得自己抱着的不是传单,而是她生养的孩子。最后,我还是被她那恨不得下一秒就要扑过来跟我拼命的架势折服,选择放下"孩子"投降了。

虽然东西是不扔了,可我仍然"贼"心不死:"你留着这些传单有什么用呀?放在新家里占地方,卖废品又不值钱。难不成你还想留到几百年之后,让你的孙子辈当古董卖了?"

"舍不得"小姐结结巴巴地说:"反正……反正就是不能扔,万一哪天能用上呢!这叫勤俭节约、未雨绸缪!"

"舍不得"小姐说得似乎挺有道理,我只好放任她在新房里继续"未雨绸缪"。她虽然舍不得扔掉旧东西,却从来没耽误过买新东西,每月工资都花得一点不剩。等到家里被堆得实在没地方了,她就随便把旧东西塞到角落里,眼不见为净……我不知道"舍不得"小姐究竟靠她的"未雨绸缪"省下多少钱,我只知道,不到半年的时间,她的新家就再一次变成了"垃圾场"。

仔细看看家里,我们是不是也像"舍不得"小姐一样囤积了很多舍不得扔掉却又根本不会再用到的东西呢?

好几年前买的鞋子静静地躺在鞋架上落灰,从小到大穿过的衣服像小山一样盘踞在衣柜里,各式各样的瓶瓶罐罐、学生时代的旧笔记本、以前买的旅行纪念品铺满了储物柜……尽管你根本不会再看它们一眼,但是无论你走到哪里,它们都会伴你而行,有恃无恐地占据着你的一方天地。你明明花几千、几万元一平方米的价格买的房子,可是到头来你还是住在"垃圾堆"里。

为什么你的生活总是不能断舍离?

原因有两个:一是心生执念,二是心有不甘。

对旧物心存执念的人总会觉得每一件旧物身上都寄托着他的回忆和安全感,于是就打着"念旧重情"的旗号,心安理得地把杂七杂八的旧物都留在家里。可是人总要向前看,放下与过去的羁绊,也是一种成长。

喜欢精打细算的人总会觉得每一件旧物都蕴藏着未知的"无限可能",于是就打着"丢掉了太可惜""没准儿哪天能用上"的旗号,放任旧物越囤越多。可是换个思维,当断时则断,当舍时则舍,既是对生活空间的优化,又是爱自己的最好表现。

不仅生活中需要断舍离,感情中也需要。

生活中总有那么一群人以"执着"著称——即使在感情中伤得体无完肤,他们还是不忍心放手;即使在工作中撞得头破血流,他们还是舍不得掉头。他们看似意志无比坚定,可是他们根本不知道自己的内心深处到底想要什么。其实他们的所有不舍,不过都是源于内心的不安而已。他们害怕自己已经付出的时间和精力打了水漂,更害怕自己得不到比现在更好的结果,于是自然心生犹豫,处处放不下、舍不得。

可是时间和精力的投入不是衡量价值的唯一标准，完美的结果也不该成为人们奋斗的唯一目标。适时地选择放手，未必不是及时止损的明智之举。

还是活得洒脱一点吧。既然生活已经满是"风儿"满是"沙"了，你为什么就不能放下心里那点执念，让自己跟"红尘做伴，活得潇潇洒洒"？

试着给自己的生活和感情都做一做减法吧！常常断舍离的人生真的会轻松好多。毕竟，如果你学不会"扔"，就永远腾不出空间去邂逅更好的下一个。

你什么都嫌贵，
只会让自己廉价

我的朋友"爱便宜"小姐在H市的一家珠宝设计公司工作。"爱便宜"小姐人如其名，最喜欢买便宜的东西。

因为工作的原因，"爱便宜"小姐在上班时经常要穿戴一些名牌衣服或首饰。自诩会过日子的"爱便宜"小姐当然不愿意花大价钱买名牌，在她眼里，凡是上了一百元的衣服都可以约等于抢钱。于是，"爱便宜"小姐就成了高仿店家的忠实顾客，成天穿的用的都是外观跟名牌差不多、价格却不到正品十分之一的高仿货。虽然这些"高仿"的质量不过关，但至少在外行人面前看着不跌面儿，还能省下不少钱。"爱便宜"小姐觉得自己真是太聪明了，暗地里看不起公司里那些买正品的人，总是跟朋友嘲笑自己的同事们都不懂得勤俭节约，花钱大手大脚。朋友们都知道她的秉性，只能陪着她笑笑，无可多言。

可是自从某一天起，"爱便宜"小姐却像变了个人似的，再也不嘲笑买名牌的同事们了。朋友一问才知道，原来前几天"爱便宜"小姐刚发了一大笔奖金，她兴奋得一夜没睡，第二天就跑到专柜狠狠心给自己买了一条蒂凡尼项链，然后满心欢喜地戴着新项链去了公司。

"爱便宜"小姐本以为,懂行的同事们肯定一眼就能认出这条项链是名牌,然后围过来赞美一番。没想到的是,她在公司里跑上跑下地绕了好几圈,把腿都快累折了,可是始终没有一个同事发现她的新变化,更别提围到她身边称赞了。

"爱便宜"小姐觉得很受挫,终于忍不住拉住一个平时跟她要好的同事,直截了当地问对方:"你有没有发现我今天的装扮有什么不一样?"

同事一头雾水地回答:"知道呀,你不就是换了一条项链吗?"

"爱便宜"小姐眼睛一亮,仿佛看见了救星似的继续问:"那你觉得我这条项链怎么样,是不是特别好看?"

同事不以为意地扫了一眼,说:"成色是不错,做工也挺逼真的。这次的高仿货应该花了你好几百吧?不仔细看,我还以为是正品呢!"

"爱便宜"小姐说:"这就是正品呀,几百块还不够这条项链价格的零头呢!"

同事一拍大腿,说:"怪不得!不过这也不能怨我看走了眼。你平时从来舍不得给自己花钱,连中午点份外卖都不愿意点原价。这条项链戴在你的身上,当然真的也像假的了!"

"爱便宜"小姐不死心,又跑去询问其他同事,可是大家的说法都是一个样。受到打击之后,"爱便宜"小姐冷静下来反思自己,终于明白了问题所在:她平时就是太"爱便宜",以至于在不知不觉间连自己都变得廉价了。

曾经的"爱便宜"小姐，买菜时必须买特价的，买衣服一定挑最便宜的，买零食肯定选有赠品的……至于买书、买化妆品、出去健身或旅行之类的消遣，她则一概视为"花钱不讨好"的事情，唯恐避之不及。其实"爱便宜"小姐的收入不低，根本不必"勤俭节约"到这种地步。可她却既舍不得吃，又舍不得穿，每天过得紧巴巴的，就是为了多省出几块钱……她用廉价的生活装点灵魂，结果亲手把自己变得同样一钱不值。

精致的生活体系也好，优雅的气质也好，独到的品位也好，都是从投资自己开始的。毕竟，一个每天用着雅诗兰黛、定期读书和健身的女人，与一个用一支唇膏都嫌贵的女人站在一起，只看气色，便可立见高下。东西虽然不是越贵越好，但如果你没有投资自己的意识，那么你永远不能开拓和提升自己。

没人会愿意透过你邋遢的外表，去探索你高尚有趣的灵魂。你只有相信自己值得更好的物质，才能通过自己的不懈努力，让自己逐渐变得更加优秀，变得能够配得上更优质的生活。

若你相信自己是"奢侈品"，总有一天，世界会承认你的价值。

在该花钱的时候就花钱，是为了让自己的未来变得"更值钱"。

大学时，我在兼职的咖啡厅认识了同校的师姐郑雯。师姐来自广西山区，家里以务农为生，经济拮据。可师姐却是全院系最舍得给自己花钱的人——她每年都会报名学习各种课程，还坚持定期买英文和时尚杂志。此外，她每天都去健身房训练，每晚雷打不动地做面膜护肤，过得真是精致又滋润。

师姐的同学们都觉得她花钱太浪费："看她那清爽水灵的样子，根本不像贫困生！她花起钱来比我们还痛快呢，尤其是在买护肤品和衣服的时候！有了钱攒起来不好吗，为什么非要买那些可有可无的东西呢？"

甚至有些腹黑的同学猜测，师姐根本就不是贫困生，只是故意办了贫困证明，蹭学校的各种补贴罢了。

面对同学们的不理解，师姐选择了既不解释又不改变。她照旧每天健身、护肤、学习，努力提升自己，就这样度过了大学四年。直到快毕业时，大家才发现，师姐不仅变得身材窈窕、皮肤白皙、气质温婉，还拿下许多语言和技术类证书，拥有诸多兼职和实习经历。无论是外表还是内在，师姐都成了在人群当中最闪耀的那个人。当其他同学还在为面试和工作犯愁时，师姐却凭借自己精致的外表和过人的能力，轻松斩获了3家世界500强企业的入职通知书。后来，她选择了其中最适合自己发展的一家企业，毕业后就去了这家企业位于上海的分公司任职市场部总监，初始年薪30万。

师姐成了学校师生们津津乐道的奇迹，可她自己却不以为意，仿佛对这一结果早有预料。直到毕业离开学校的那一天，她才像解密似的跟我说："我在大学时努力兼职、拼命挣钱，就是为了让自己变得更好。我一直认为一个人的最好活法就是认真赚钱，然后把钱都花在自己身上，努力让自己变美、变健康、变优雅，变得更加与众不同。"

你一定遇到过这样的女孩，她们也许家境并不富裕，样貌也不够精致，甚至全身上下没有一件超过百元的商品。但只要她们静静地站在那里，即使离你八米开外，你也一定能感受到她们由内而外所散发出的独特气场。于是，你觉得她们天赋不凡、注定堪当重任。可你不知道的是，她们之所以能有今天高贵脱俗的样子，并不完全是命运使然，更重要的原因是，她们从一开始就能看得到自己的价值，把自己当成一件奢侈品来投资。这样的女孩，即使暂时没有昂贵的物质傍身，你也不会觉得她"廉价"。

我常常听到这么一句话：这是一个"看脸"的时代。

在很多人看来，这个世界总是会偏袒那些身材苗条、长得好看的人，轻视那些又丑又胖、打扮土气的人。其实这种判断是不对的。这个世界会偏袒的，是那些愿意为了变好看、变优雅、变博学而不懈努力的人；这个世界会轻视的，则是那些生活粗糙、目光短浅、宁愿让自己一辈子都活得廉价的人。

我们总希望把钱都花在"刀刃"上。殊不知，能够提升自己的每一笔投资都是人生的"刀刃"，只要是花给自己的钱，每一笔都值得。

我不知道"爱便宜"小姐的价值观是否在项链事件之后有所改变。直到暑假的某个下午，我突然接到"爱便宜"小姐的电话。

"阿檀,你有微信号吗?有的话就借我用一下,江湖救急!"

"你要微信号做什么?"

"爱便宜"小姐的语调难掩兴奋:"沃尔玛正在做促销活动,只要微信扫码就能领到一瓶老干妈辣酱。一瓶怎么也够吃半个月呢。"

我一听,赶紧把微信号交了出去,跟她说:"赶紧多扫几瓶带回家,这样你下个月的伙食就有着落了!"

这一次你可以
不"懂事"

前几天,杧果给我打电话时讲了这么一件事。

新学期刚开学时,杧果跟着一个师姐报名参加了国际商品展览会的口译志愿者,工作3天,日薪300元。虽然挣钱不多,但杧果去参加的初衷只是为了多积攒一些工作经验,薪酬倒是次要的。没想到万事俱备的时候,她偏偏在跟导师请假的这一环节出了岔子。原来,杧果的导师刚好接了一个私活儿,正打算让杧果等几个学生替她去做。

杧果说:"我们这个老师平时就喜欢无偿使唤学生,我们班同学替她做过不少私活儿。每次都是又苦又累不说,还没有工资、不管午饭,有时候甚至连打车上班都得自掏腰包。"

若是在平时,杧果随便找个借口安慰一下自己也就忍了,可是展览会口译这份工作是她面试了整整3个小时,过五关斩六将才辛苦得来的,她真舍不得放弃。于是,她壮着胆子跟导师说:"老师,我下次再帮您干活儿行不行?我还是想去参加那个国际展览会……"

导师故作语重心长地说:"外面的志愿者活动有很多都是

骗人的,你还年轻,没有什么分辨能力,还是做老师给你的工作靠谱。"

杧果不死心:"这份工作是我师姐推荐给我的,我也在学校就业办公室那边求证过了,肯定没有任何问题。我是真的很珍惜这次机会,请您让我去吧!"

导师摆出一副恨铁不成钢的样子说:"就算这次活动是真的,可是当志愿者有什么意思啊?你才刚上大三,想当志愿者,以后有的是机会,这次还是先把老师交给你的工作做好吧!"

杧果有些不平:"可是……"

导师重重地拍了拍她的肩膀,仿佛要把她心里那点不平一并压下去:"你不要跟你那些师兄师姐一样,上了几年学之后就开始心性浮躁,被眼前的蝇头小利冲昏了头脑,连老师的话也不听了。这样不懂事、不听话的学生,以后早晚有他们吃亏的时候!"

从小到大,杧果一直都是传说中的"别人家的孩子",懂事听话就是她的代名词。她真是太害怕"不懂事"这个形容词了,可她真的不想放弃这次志愿者的机会。

在电话里,杧果忧愁地跟我说:"我真的不想成为导师口中不懂事的学生,可是我也不想再任由她摆布,替她无偿做私活儿了。阿檀,你说我到底该怎么办呢?"

我说:"既然你这么想去参加国际展览会,那就拒绝老师呀,反正她还可以再安排别的学生做私活儿,少你一个也不少。"

杧果有些担忧地说:"可是,我怕自己要是拒绝了老师,老师以后会逢人就说我不懂事,甚至彻底放弃我呀!"

我想了想,认真地说:"到底是选择继续听从老师的安排,还是选择自己早就选好的路,能替你做决定的不是我,只能是你自己。"

那天,杧果跟我通过电话之后,又犹豫了整整一个晚上。最终,她还是选择了拒绝导师,按照原定计划去参加国际展览会。展览会办得非常成功,杧果在为期3天的口译工作当中,不仅锻炼了翻译能力,还在许多前辈的帮助下学到了不少工作技能,受益颇多。实际上,她拒绝了导师之后,导师也没有说她什么,待她一如既往。

当有人借用职务之便,故意阻止你的上升脚步时,你可以"不懂事"一点。

大一的时候,我第一次去日本旅行,兴奋之余,就把行程发到了社交媒体上。结果,一些亲戚朋友们看到之后就纷纷给我打电话、发微信,让我帮他们从日本带东西回家。

最关心生活质量的七大姑说:"侄女呀,我听说日本的电饭煲和电磁炉质量可好啦,你给我背回来一个吧!"

最关注女儿学习的八大姨说:"外甥女呀,我家闺女一听说你要去日本,她可高兴啦!她说最喜欢日本的MUJI(无印良品)文具了,你替我买几套回来咋样?"

表姐是最雷厉风行的一个,她直接赶了个大清早找上家门,递给我一个长长的购物清单说:"都说日本的化妆品和药品经济实惠，你记得按照这个单子上面写的货物，一样给我带回来一个就行！"

我有些嫌烦了，就想拒绝一些亲戚的请托。爸妈劝我说："你长大了，要懂事点儿，不能什么事情都任性而为。你这次如果不帮他们，等逢年过节回老家的时候，咱们一家怎么面对这些亲戚呀？"

我一想也是，"不懂事"这顶帽子太高了，我可不敢轻易戴上。于是，我只好赔着笑脸，把亲戚朋友们的购物要求照单全收。

其实让我代购东西倒也无所谓，可是这些亲戚们一个也不掏钱，不约而同地说要等见到东西之后再付款。我想，大家都是亲戚，没必要太在意钱的问题，于是便自己掏钱替他们买好了他们想要的东西。我在日本一共待了半个月左右，其中一半的时间我都在尽心尽力地替亲戚们货比三家，争取以最低的价格买到最好的商品。

当我准备坐上回国的飞机时，我的背包和行李箱里塞满了亲戚朋友们指名要买的东西，甚至连自己原本带来的行李都不得不扔掉一些。就这样，我还是因为飞机的免费载重不够，自己多花了二百多元钱。

可是，等我把亲戚朋友们要的东西分给他们时，他们却一改之前拜托我买东西时的谦逊，开始东挑西拣、嫌肥厌瘦：一会儿说我买的牌子不对，一会儿又说我挑的颜色不喜欢，一会儿又吐槽我买的价格不够便宜……说到底就是想跟我讨价还价，不想照商品的原价还钱给我。

　　我原本以为，自己辛辛苦苦地替亲戚朋友们做无偿代购，甚至不惜自掏腰包把他们这点东西运回国，就算没有功劳也有苦劳吧！可是，这只是"我以为"而已。从那时起，我下定决心，再出国时一定不要让任何人知道。

　　当有人借着亲情或友情的名义，裹挟着你为他们的事情效劳，甚至故意伤害你的时候，你可以"不懂事"一点。

　　街坊有一位张阿姨，她跟我妈比较要好。她是一个特别"热心肠"的人，自从她女儿离开家到外地工作之后，独居在家的张阿姨就成了我家的常客。因为两家住得近，再加上我爸妈又挺热情好客，所以就算逢年过节，这位张阿姨也会偶尔跑来串个门，找我妈聊聊天。

　　来串门本来无所谓，人多热闹点儿。可是每次这位张阿姨来的时候，只要看到我在家，她就会搬出她那套三观不正的"教育经"强行灌给我爸妈听。

　　张阿姨一会儿跑到厨房跟我妈说："你家闺女都二十多岁了，你再不赶紧催她找对象，好男人就都被挑走了！"

　　看我妈忙着做饭，她又走到客厅跟我爸说："你们最好直接替闺女安排好工作，等她一毕业就赶紧让她结婚，过一年再生个孩子，这样她的生活就能彻底稳定下来了！"

　　见我爸妈都不大理她，张阿姨又溜到我房间里，摆出一副苦口婆心的样子跟我说："你一个女儿家，千万别总想着到外地去闯荡，就留在父母身边最好了！女人的事业再成功，到最后还是得靠一个男人嘛！"

我被这位阿姨烦得不行，我爸妈其实也不太喜欢她，可是一则碍于邻里之间的关系，二则人家到底也是好心，所以只能劝我一忍再忍。

大三那年寒假的时候，我回家过年，刚好碰到张阿姨也端着饺子过来串门。我原本以为她是来送饺子拜年的，可没想到，她这次串门的主要目的居然是来替我安排相亲！

张阿姨拿着一沓照片一屁股坐到我旁边，十分热心地把照片一张张地在茶几上摊开，挨个儿给我介绍。我终于忍不下去了，只好说："阿姨，我的人生只能由我自己来规划，能不能请您不要再费心了？"

张阿姨悻悻地走了之后，我爸妈有点替她鸣不平，说："你这孩子太不懂事了！人家张阿姨也是关心你，就算你不领她的情，也不该当面给人家难堪呀！"

我很认真地说："我并不是不懂事，我也很感谢张阿姨对我的关心。但我同样也该让她明白，我的人生不需要任何人以好心为名随意摆布。"

当有人要喧宾夺主、对你的人生指手画脚的时候，你可以"不懂事"一点。

"懂事"的含义从来都不是让人完全放弃自我、逆来顺受，而是要你学会在保护好自己合理利益的前提下统筹兼顾，顾全大局。

有时候，我们真的不必处处为人着想，也不必次次顾虑别人的感受。

不必因为对方是授业恩师，就替他们办事而牺牲自己难得的机会；不必因为对方是亲戚，就替他们买东西而耽误了自己的旅行；若你已经对未来有了规划，那么就不必为了一句"懂事孝顺"而放弃自己生活的主导权，服从他人给出的轨迹过完一生。

长辈们总是告诉你要学会懂事，可是往往没有人告诉过你，在什么情况下，你其实也可以不懂事。于是，你总是为了别人的事情而委屈自己，即使咬碎了牙也只能往自己肚子里咽。可你忍得再辛苦，心里再憋屈，也不会有人给你发奖状、颁锦旗，你图什么？

"懂事"二字不是束缚住一个人的模具，人也不是流水线上的工业制品，不可能完全照着一个模子成长。活出自己的样子并不是错。在遭逢伤害的时候，保持一些原则和棱角也没什么不好。

嘿，那边那个超听话的年轻人，有些时候你真的可以"不懂事"一点！毕竟人生苦短，你要先活给自己看。

你弱的时候，
坏人最多

在北京实习时，隔壁策划组的实习生图图刚好坐在我对面。

图图是一个做事挺负责的姑娘，跟前辈们学习时也最认真，但不知为什么，她做的策划案总是被老板毙掉。图图不死心，每次做案子时都会吸取上一次失败的经验教训，一次比一次更加用功，可是收效甚微。

这天，图图又收到老板发来的一封反馈邮件，她迫不及待地打开一看，脸上的表情很快"由晴转雨"。我好奇地跑到她的工位，发现她这次精心做的策划案又被毙掉了。

看着图图满脸郁闷的样子，我只好安慰她说："胜败乃兵家常事，你别太放在心上，下次再努力就好了。"

图图靠在椅背上，惆怅地说："阿檀，你不知道，这份案子绝对是我实习以来做得最好的一个了！为了写好它，我这半个月天天主动加班查资料，每天都忙到凌晨一点多钟才休息，高考复习的时候我都没这么辛苦过，我……我还以为这次的案子肯定能过呢，没想到居然又被毙掉了……"

图图看着那封邮件喃喃自语好一阵，忽然噌的一下从工位上站起来，威风凛凛地指着一脸惊恐的我说："阿檀，我决定了！我这次要亲自去找老板要一个合理的解释，我一定要知道我的案子究竟哪里做得不好！"

我欲言又止，只说了句："风萧萧兮易水寒……"

图图大义凛然地朝我点了点头，然后立刻重新打印了一份策划案，又准备了好几摞相关文件，然后抱着这一大堆快把她整个上半身遮住的文件夹噔噔噔跑到老板的办公室门前，深吸一口气便敲门进去。等她出来后，像被霜打了的茄子似的，完全没有了原先的热情。

我问她："你见到老板了吗，老板怎么跟你说的？"

图图颓唐地坐到工位上，说："见到了。老板直接告诉我，考虑到我是新人，没有什么工作经验，做的策划案肯定也不会有多好。所以为了节省办公时间，他从来都没看过我交的案子！"

图图说着叹了口气："唉，虽然心里不舒服，但老板说的也有道理，是我自己的能力太弱，不被重视也正常。"

生活就是这么残酷，鲜花和掌声永远只会属于强者。你如果太弱小，就别怪别人视你如蝼蚁，看不到你的付出和努力。

图图的经历让我想起了我的另一个朋友"弹簧"小姐。"弹簧"小姐在刚刚进入公司成为职场新人的时候，也和图图一样，没少受到办公室"老油条"们的冷落和白眼。

那个时候，"弹簧"小姐几乎每天晚上下班后都要在微信上跟我吐槽几句，说的内容负能量满满：不是这一天上班时又受到了什么欺负，就是一番辛苦又被老员工无视，结果竹篮打水一场空。

"弹簧"小姐委屈地说："我每天都是公司里第一个去上班的人，下班时我也总是主动加班到深夜，只要有时间我就会义务替公司打扫卫生，只要有人需要，我就会替他们跑腿、取快递、拿外卖。跟前辈们一起加班的时候，我总是主动包揽所有人的夜宵和奶茶。可是我明明工作那么努力，为公司付出了那么多，那些老员工还是看都不看我一眼！"

我劝慰她说："可能是公司里的人跟你还不熟悉吧，过一段时间应该就好了。"

"弹簧"小姐说："阿檀，你知道吗？我已经在这家公司待了小半年了，可是始终都没人在意我的价值。在这半年的时间里，我每个月拿着2000元出头的实习工资，做着全公司最辛苦的工作，却连被人称呼名字的资格都没有。所有老员工叫我跑腿办事时，都只会叫我'哎，那个新来的'！

"公司里有一个只比我大一岁的姑娘，明明跟我是平级，但因为她来公司比我早一年，她就可以随意对我呼来喝去。甚至在周末，她一个电话打给我，通知我去公司，我就得立刻放下手中的一切跑去加班，还没有加班费。

"其他资历老的员工更是把'表里不一'这一套耍得炉火纯青，在老板面前摆出一副兢兢业业、勤恳踏实的样子，可是一转过头来，他们能随便撂下一句'哎，那个新来的，你替我们把工作做了吧，我们还有事'，然后就把自己的工作一股脑儿地都丢给我，连一句'谢谢'都不说。"

我耐心地听完了"弹簧"小姐漫长的抱怨,轻轻叹了口气,说:"那你……要不要考虑换一份工作呢?"

想不到,原本还牢骚满满的"弹簧"小姐居然不假思索地拒绝了我的提议。

她很认真地跟我说:"你以为我跟你吐槽了这么多,是因为这家公司的坏人太多了吗?这世界上哪里有全是心地善良的'小天使'的地方呢?坏人无处不在,与其一被人欺负就吓得狼狈逃跑,不如努力让自己变得强大起来。否则就算逃到了天涯海角,那些欺负你的恶人也会如影随形。"

于是,"弹簧"小姐继续留在这家公司工作。尽管她的努力还是经常被人无视,可她仍然毫不在意地拼命学习业务技能,暗暗提升自己的实力。很快,在一次涉外贸易当中,"弹簧"小姐凭着极其出众的英语口语能力脱颖而出,获得了老板的赏识。到了年底,她又以全公司第一的业绩赢得了整个办公室里唯一的晋升机会,成为新员工当中升职最快的人。

等"弹簧"小姐终于用实力证明了自己的价值之后,那些原先欺负过她的老员工开始变得和气起来。她的工作提议不会再被人无视,她的付出也不会再有人嘲讽;没有人再敢使唤"弹簧"小姐跑腿干杂活儿,更没有人再敢随便敷衍几句,就把她叫来公司加班,或者把厚厚的一摞资料丢在她桌上。

5年之后,"弹簧"小姐仍然留在原来的公司,只不过此时的她已经成了副总,年薪超过50万。而那些当初仗着资历偷奸耍滑、欺负新人的老员工,却大多离职或被辞退,不知去向。

这世上唯有强大的人，才有自由选择的权利，也才有被人重视的资格。

要想不被欺负，你只能让自己变得更强大。只有用实力狠狠地反戈一击，才能让自己过得更有尊严。

为什么我们总感觉身边的坏人很多？难道就因为自己十分不幸地长了个包子样，所以才会处处有"狗"跟着？

许多时候，别人之所以会欺负你，不是因为他们有多坏，而是因为你自己实在太弱。当你缺少保护自己的锋芒，就别怪别人专挑你这个软柿子捏。

你弱的时候，觉得身边坏人多，那是因为你好欺负；你强的时候，觉得生活特公平，那是因为你已经有了主宰生活的能力。

所谓人生，就是在无数次痛苦的暴击中杀出一条血路。你只有足够强大，才能在风雨过后依然挺起胸膛，不被生活肆意践踏。

做自己的
粉丝

第一个故事。

秋秋还在上高中的时候,就和那个你我都认识、可又都想不起来名字的女生一样,是一个中规中矩的孩子。她长得不够漂亮、性格不够开朗,既没有什么文艺特长,学习成绩又不算太好……不管从哪方面来看,她都是一个挑不出错误、但也挑不出一点拔群之处的平凡女生。这样的她自然会被班里的同学有意无意地无视,抑或是被一些年纪相仿的娇蛮女生排挤、孤立。可是,少年时代的秋秋并不抱怨生活——生活虽苦,可她有自己的排解办法,她的办法就是写小说。

那时候,十几岁的秋秋在网上连载自己的第一本校园言情长篇小说,她还把所有老师和同学的名字都写进了小说里。秋秋在自己创造的梦幻世界里安静疗伤,在她编织的故事里,她是整个学校的风云人物,就连校草也手捧玫瑰、单膝跪在她面前苦苦哀求:"秋秋,我爱你,别离开我。"

现在看来,这本处女作的文笔实在太稚嫩、构思也太俗套了。可在当时,秋秋收获了不少忠实读者。这本小说成了年少时的秋秋倾诉心绪的唯一树洞,在那个处处受人排挤的黯淡岁月里,给了她很多安慰。

有一天,她的这部小说竟然被一个同班同学打印出来,带到了班级里。整整一天,课上课下,这部小说就在同学们的手里一遍遍地被传阅着。后来,这部小说甚至传到了老师们的手中。最后,秋秋因为"玩物丧志"被请了家长,她因此再度成了大家交口相传的笑话。

长大后,每当看到"艰难岁月"之类的词语,秋秋总会忍不住想起自己青春期结束时的那段日子。那时,她写了几万字的小说手稿被严苛的父亲一把火烧掉,每次她走进校园、走到教室里,她都会听到各式各样的嘲讽。

"哟,这不是咱们班的大作家秋秋嘛,能不能给我签个名呀?哈哈哈哈!"这是最爱调皮捣蛋的小宇说的。

"她也不照照镜子好好看看自己长什么样,居然好意思把自己跟校草写成一对儿,真不知廉耻!"这是一向娇气爱美的大娟说的。

"我妈妈说了,你这么平凡的女孩要是能成为作家,她都能当宇航员了!"这是柔弱乖巧的小栗说的。

随着时间的流逝,那些曾经放肆地吐出过伤人字眼的孩子们,可能早已经忘记了自己当年说过、做过的事情,也忘记了她们曾经共同针对过的那个受害者。可是,秋秋一直都记得。

多年以后,秋秋真的成了一名畅销书作家。夜深人静时,她坐在灯火阑珊处,对着电脑,敲下对往事的一段总结:

"只有自己才是最了解自己的人,只有自己才知道自己热爱什么。就算所有人都不理解你,甚至你可能一出生就泡在无边无际的苦难、嘲讽和刁难里,但是,那又怎么样?至少你还可以成为自己最忠实的粉丝。至少,你还有自己。"

第二个故事。

阿明做了一辈子建筑工程师,一辈子都在跟尺规和数据打交道。今年,60岁的阿明退休了,公司为他买了一张回乡的动车票。在列车上,他还在做着未完的计算,那安静专注的神情,与动车上嘈杂的人声格格不入。

坐在阿明对面的是一个衣着鲜艳的年轻人,他看了阿明半天,终于忍不住跟他搭了话:

"阿爷,您这是在写什么呀?"

阿明放下手中的铅笔头,目光透过架在鼻梁上的老花镜看向年轻人:"这是草纸,我在计算一份工程的数据,我是工程师。"

"工程师一定挣钱很多吧?外快、红包肯定拿了不少吧?"

"主要还是靠院里的工资,养活自己没问题。"

"工程师……是干吗的?画画图纸、算算数?"

"啊……差不多吧!"阿明笑了笑。

年轻人觉得有些好笑,又有点替阿明觉得不值。

"现在这年头,做什么事都求名求利。您挣得不算多,老百姓也根本不在意工程师到底做了什么工作,您不觉得一辈子亏了吗?"

阿明慢慢展开一个温和而笃定的笑:"我知道,我的价值和才华可能一辈子也不会有人看懂。可是,就算所有人都看不到我的付出,所有人都觉得我不值得,我自己觉得值得,就够了。"

第三个故事。

"追光者"小姐是一个狂热的追星族。只不过,她的偶像不是哪一个明星,而是身边所有她认为比她更优秀的人。

"追光者"小姐平时最喜欢的说话方式就是捧高踩低。不管朋友们跟她聊的是什么话题,她都能把话题归纳为一句不变的总结:"你真的太厉害了!不像我,我真是一无是处……"

一开始,朋友们还以为"追光者"小姐只是性格谦逊。可是很快他们就发现,"追光者"小姐总是一边狂热地捧高别人,一边不加节制地疯狂贬低自己,引得朋友们只能放下手边的事情来安慰她。时间久了,朋友们终于烦不胜烦,纷纷找借口离开了她。

孑然一身的"追光者"小姐依旧觉得理所当然:"我是这么差劲的一个人,没有朋友也是应该的。"

其实,"追光者"小姐的条件并不差。她是一家上市文创公司的设计总监,要颜值有颜值,要身材有身材,要能力有能力,可惜就是没有自信。

你夸她长得漂亮,她叹了口气,说:"容颜早晚都会老的。"

你夸她气质优雅,她皱了皱眉,说:"潜台词就是说我不够好看。"

你夸她能力出众,她赶紧摆手,说:"我跟别人比起来还差得很远。"

"追光者"小姐总是认为,光明和美好只降临在别人身上。于是,她像一只趋光的萤火虫,奋力地扑向别人的光和热,却从来没有注意到,其实她自己也有属于自己的光,自己也在被别人仰望和追逐着。

人们常常以为世界只有一个。其实,我们每个人所看到的世界各不相同,我们眼中的世界都经过了我们内心的再创造。换句话说,我们每个人都戴着有色眼镜看世界,我们每个人的世界都不是客观的。

有些人的有色眼镜是"近视镜"。他们总觉得自己生来就高人一等,很容易就能看到自己的长处,却常常看不到别人的优点,听不进别人的倾诉。

有些人的有色眼镜是"远视镜"。他们总能清晰地看见别人的长处、别人的轻松、别人的幸福,却总是习惯性地无视自己的价值。妒羡之余,他们只能自怨自艾、自轻自贱,终日感叹命运不公、人生黯淡。

诚然,"近视镜"对人是有害的,可是戴着"远视镜"的人却更加可怜。因为带着对自己的偏见,他们永远也无法锤炼自尊、承认自我。他们可以是所有人的粉丝——他们愿意以一颗真心去赞美朋友、追捧领导、鼓励同事,甚至愿意去给一个素昧平生的路人点赞,却独独忘了欣赏自己。

我们总是很容易看到别人的耀眼光芒,却忘记了,自己也是光芒中的一缕。其实,人生最大的悲哀不是无人问津,而是连自己也不爱自己。

你可以走自己的路、做自己的梦,过自己喜欢过的人生,没必要照搬别人的剧本来演自己,因为你就是自己的超级巨星。

承认平凡
就是丢脸吗

朋友小樱是个文静柔弱的女孩,走起路来轻手轻脚,说起话来柔声细语,颇有林妹妹的风范。与大家相处时,她总是善解人意、处处照顾身边人的感受,甚至不惜委屈自己。她还是一个特别追求完美的人。很多时候,事情明明已经做得足够好了,她却还是纠结在不足之处,忍不住痛苦懊恼,陷入深深的自责。在她看来,她从小到大都一无是处,什么都做不好。于是,她对自己要求得近乎苛责,平时的生活十分节俭,甚至连买一双名牌鞋子都得反复琢磨好几天,因为她认为自己不配拥有。

我与小樱私交甚好。我曾在私下里问过小樱,为什么对自己要求那么严格。她坦诚地对我说:"我骨子里是一个特别自卑的人。小时候,父母对我要求很严,一旦我没有完成他们的要求、给他们丢脸了,他们就会对我百般羞辱,还美其名曰是为了我好。"

小樱的父亲是国内一流大学的副教授,母亲则是建筑设计院的设计师,两个人都在各自的领域功绩卓著。当惯了佼佼者的他们自然对自己的独生女小樱寄予厚望,从不容许她稍居人后。

小樱从小就背着父爱、母爱这两座大山，每一步都走得蹒跚又疲惫。可是，她不敢停下来。

小樱的父母几乎把全部的精力都投入到了工作上，对小樱的关心和照顾似乎微乎其微。一提到自己的父母和童年，小樱的情绪就会显得特别激动，她说，自己的父母虽然在人前风光无限，可是在她看来，他们从未尽到为人父母应尽的责任，只知道把一切责任都推到她这个女儿身上。

小樱说："我父母最常跟我说的一句话就是，他们两个人的脸全被我丢尽了。其实，我没做过什么十恶不赦的坏事，我只是不想像他们一样争斗一辈子，我只想当一个普通人，难道这有错吗？"

我说："天下熙熙，皆为利来；天下攘攘，皆为利往。你不是错在追求平凡，而是错在想要逆流而行。"

小樱点点头，笑着说："起初，我以为我的想法是错误的。毕竟，这世上几乎所有的名流高士都在教你怎么成为人上人，所有人都在努力让自己跻身那个所谓的上流社会。于是，我深深地怨恨自己的无能，恨不得以死谢罪。"

那个时候的小樱常常以泪洗面、郁郁寡欢，她以为追求平凡的自己是一个没有进取之心的废物，所以长大后的她极度缺乏自信，始终认为自己一无是处。尽管她很想改变自己的性格，可是童年的残酷烙印已经深入骨髓，她一直疲于摆脱，却收效甚微。

小樱最后对我说："如果我以后有了孩子，我要告诉他的第一句话就是——你可以不做人上人。"

我去日本横滨旅行时，曾经造访过一间很有名的店铺。

日本横滨的郊外有一个名为"长谷川果树园"的水果直营店。这里每天一大早就会排起长队，出售的新鲜水果常常一个上午就能卖完。

我一问才知，"长谷川果树园"已经营业几百年了。当下水果店的店主是一个腰膀壮实、长相宽厚的中年男子，名叫长谷川胜行，他也是同名果树园的园主，店里兜售的水果都是他和家人一起种植的。

长谷川胜行说，年轻时他曾经做过东京的高级白领，在父亲病重时，他毫不犹豫地选择辞职回家，继承了父亲的果园，过上了"面朝黄土背朝天"的农夫生活。长谷川先生对我说，他自己也承认当初在继承家业时，他觉得自己的自由选择权被剥夺了，所以并不算心甘情愿。可是到后来，他在寒来暑往的劳作和收获的过程中爱上了这份经营现实版"开心农场"的工作。

长谷川胜行有3个可爱的女儿，虽然她们年纪各不相同、性格各有特色，可是都不约而同地决定读完大学之后回到果园工作。在周末或者平时学校没课的时候，她们会主动到水果店里帮工。她们真心实意地觉得果农的工作值得她们付出一辈子，她们真心希望能够用自己的一份力量帮助父亲把家族的果园事业发扬光大。

去了日本以后，我一直很奇怪：世界上知名企业那么多，为什么日本企业的生命期大多特别长，甚至存活千百年之久？后来，我的一位日本朋友告诉我，这也许是因为日本的职业没有高低之分，无论什么类型的工作、何种内容的工作，在日本人看来都是平等的。

在国内，人们似乎很喜欢把身边的一切都分个三六九等。职业也好，人也好，我们总是想去争夺那些更加光鲜的部分，跻身更高的层次。不少父母在教育孩子时，仍然最喜欢用这句话："你要是现在不好好读书学习，长大了就得去卖菜！"

我们把成功的定义跟金钱和社会地位挂钩，为了赚到更多钱，我们不惜身体、熬夜赶工，并习以为常。于是，整个社会都变得"忙碌"起来。我们恨不得给自己上足发条，生怕比别人跑慢一步。可是，我们向前奔跑的目的是什么？我们追逐的终点在哪里？没有多少人真的清楚。

这个社会怎么了？

普通不该等同于失败，平凡也不该被视为可耻。实际上，也许正是那些默默无闻的普通人才撑起了我们今天的生活。

真正可耻的不该是平凡，而是为了沽名夺利而不择手段。

中国文化博大精深，中华典籍浩如烟海，我却只为其中一个词而深深着迷，那就是"不争"。

所谓"不争"，不是让你什么都不去做，只知道混吃等死、坐等命运垂怜，而是教你不要去和强大的力量硬碰硬，要把全部的精力都用来韬光养晦、提升自己，让自己走到最适合自己发展的位置。然后，你可以在这个位置上坚持努力付出，把自己的前途命运和你所钟爱的事业的命运融为一体。这样,如果你足够幸运,也许你就能以四两拨千斤的巧劲儿扳动最关键的一环,让整个潮流改向。这时,你就自然被命运推上了人生的制高点。

《道德经》说:"夫唯不争,故天下莫能与之争。"说的就是这个道理。

如果把内心的修养比喻为杯中茶,那么财富、名誉、地位就是那装茶的茶杯。这些东西原本只是茶的陪衬,无论这陪衬是好是坏,是精雕细琢还是质朴无华,其实都不会影响茶的清香。可是,很多人常常执着于争夺更光鲜亮丽的茶杯,却忘记了品一品杯中茶味。

我们生活在物质最为丰富的时代里。我们居住的房屋越来越豪华,我们掌握的知识越来越多元,我们能够看到的世界越来越广阔……可是我们的内心似乎并没有比过去的人变得更加快乐。

我们都是向着山顶迈进的西西弗斯,我们一辈子都在朝着那个缥缈的顶峰艰难迈进,可是山顶有什么呢?

的确,山顶有清新的空气,有磅礴的云海,有"一览众山小"的喜悦。可是,山顶也有悬崖峭壁,有飞石暗沙,有每走一步都如履薄冰的心惊胆战。

平凡的人未必过得痛苦,那些所谓的成功者们也未必真的就脱离了低级趣味,没有了人间烦恼。真正的成功,应该是与内心的欲望达成和解,在喧嚣的社会中获得长久的平和与宁静。

不懂得如何在"平凡"的日子里坚持,就不会取得"非凡"

的成就。亲爱的,无论你是选择身披锦绣、搏击长空,还是选择阅尽红尘、安守清闲,我都希望你能够以全副身心去度过生命的每一分钟。

愿你的人生自由又独立,愿你迈向未来的步伐更加笃定。

记住，
你不是生活的受害者

她的童年并不算幸福。

虽然她的父母双全，她的家庭也还算富裕，可是她从来没有体验过来自家庭的爱。

因为是女孩，所以父亲那些重男轻女的亲戚们一直不太喜欢她，动辄对她非打即骂。她从母亲那里听说，自己从2岁起就开始挨打。她还记得童年时，父亲酗酒厉害，常常在外面喝到半夜才回家。一回到家里，父亲就会把她从睡梦中拎起来，勒令她陪在身边，听他呜咽地诉说他的过去和他对生活的满腹牢骚；要不就是借酒撒疯，只要稍有不顺意，喝醉的父亲就会把家里的东西往楼下扔，或者直接举起来朝她和母亲的身上、头上砸去。

她上小学一年级时，语文老师让孩子们写出自己的梦想，她捏着铅笔头，用初学的拼音和为数不多的汉字歪歪扭扭地写道："我希望长大后能有一个安静的晚上，让我和妈妈能一觉睡到天亮。没有爸爸，什么事都没有。"

随着她年龄的增长，她的父亲出于男女之别，不再动手打她，而是换了新的方式，毫不留情地凌辱她的尊严。在古板又无知的父亲眼里，她既然是一个女孩，就相当于是他这个男性的所有物和附属品，女儿的生杀大权、女儿的人生选择，都该由他来决定。

她还记得自己第一次反抗父亲暴行的那一天，她全身颤抖地跟父亲大声强调，他没有随意处置她的权利。可是话刚出口，她就极不争气地大哭起来，哽咽得连一句完整的话都说不清楚。

父亲一脸玩味地看着她，等她吼完了全身的力气，就吩咐她的母亲取来她的书包，当着她的面，笑嘻嘻地把她视作能改变命运的珍宝的那些教科书和习题册、笔记本全部撕烂。然后，父亲扔给她一个打火机，让她跪在地上亲手把这些纸片一张不剩地烧掉，否则就不许她上学。

她忍受着心中升腾的极度愤怒和委屈，一点点烧完了所有的纸片。那一刻，她感觉自己的自由也一并随着火焰彻底湮灭。后来，她患上了很严重的心理疾病。她曾经无数次尝试过自杀——割腕、溺水、喝自己调配的"毒药"……幸好，她的尝试一次也没有成功。

那个时候的她真的很怨恨父亲，也怨恨命运。她觉得自己被命运亏欠，便开始痛恨身边的一切人和事，继而痛恨所有的希望和光明。庆幸的是，不知在哪一天，她终于意识到了自己旧伤的可怕，她这才鼓起勇气重新面对这份酝酿了十几年的伤痛，并最终挺了过来。

她告诉我，现在她回忆这些往事时，那些伤疤已经不会再那么疼了。

我问她该如何与过去的苦难达成和解。她低下头沉思片刻，笑答："和解的方法应该是因人而异的，而我的方法就是，忘记自己曾经是命运的受害者。"

我曾在网上看到一则新闻。新闻里讲的是一个很令人痛心的故事：湖北一位年轻的母亲因丈夫突然失踪，不堪忍受来自丈夫家庭成员的各种舆论压力，最终选择带着一双儿女跳河而亡。临行前，她留下遗嘱，表示想在地下世界与失踪的丈夫团聚。可令人瞠目的是，她的丈夫既没有离世，也没有真的失踪，只是因为欠下十多万的网贷无力偿还，才想到以失踪的方式骗保还贷。为了让不善扯谎的妻子顺利拿到保险赔偿金，他故意隐瞒了妻子，自导自演了一出"好戏"。可惜，他还没来得及等到自己的保险金，就先等来了妻儿身亡的消息。

男子故意失踪骗保的行为的确可恨，可是那位可怜的女士和她无辜的孩子们却不能不令人扼腕叹息。

其实，受害者最大的致命伤往往不是来自外界，而是来源于自己。

"我不畏惧流言和诽谤，因为我知道他们说的都是错的，所以他们的话也伤不了我。"记不清是哪位作家说的了。

生活的痛苦并不可怕，可怕的是连你也相信了自己是命运的弃儿，开始以受害者的眼光看待周围的一切。你主动封闭了自己的内心，眼睁睁地放任自己一步一步走进泥潭深处。当你自己放弃了好好生活的信念时，就算有人想在外面拉你一把，也找不到你的手在哪里。

痛苦的滋味谁都尝过。甚至可以说,生活的真谛原本就是"屋漏偏逢连夜雨,船迟又遇打头风"。

温柔贤淑的许姑娘是我的一位"忘年交"朋友。她原本出身富贵之家,自己也曾经有一份发展不错的事业。可是婚后的她为了帮助丈夫稳定"后方",主动辞职做了全职太太,从此在家里相夫教子。

许姑娘的丈夫很感激她的牺牲,更加一门心思地忙工作。许姑娘也放下了昔日高级金领的身段,投身于柴米油盐,为家庭付出了许多。许姑娘原本以为自己的生活可以一直这样平淡幸福地过下去。可惜,生活的变数往往出其不意。在许姑娘40岁的时候,她听说丈夫出轨了。

事情败露后,丈夫显得异常平静,直接掏出一纸离婚协议,拍到许姑娘面前。他以为,许姑娘现在没有工作,无依无靠,又带着一个孩子,肯定不敢与他离婚。可是许姑娘却签字了。她说:"我不是没了你就不行。"

许姑娘离开得很潇洒。可是离婚以后,许姑娘从当初温柔似水的妻子一下子变成了一个喋喋不休的怨妇,逢人便要讲起自己的悲惨婚姻。朋友们都挺同情许姑娘的遭遇,也愿意花上小半天的时间,一边认真听她声情并茂地诉说,一边陪着她大声痛骂负心渣男。后来,朋友们发现她始终都没有走出过去的阴影。万年历上的页码虽然被时间有条不紊地一页页撕去,可是许姑娘的生活却停在了她最痛苦的那一天。

值得庆幸的是，许姑娘在煎熬过一段时间后，终于彻底醒悟过来。她放下姿态，重新从低端的岗位开始做起，慢慢让自己重回职场。她的收入稳定下来后，她找回了从前的自信，开始走向新生活。

学会宽恕和放下吧，宽恕不是软弱，而是代表你放过了曾经犯错的人，也放过了曾经受伤害的自己。你不必把伤口一次又一次地剖开来看，更不应该把自己永远关在仇恨和戾气里。你不让自己走出来，阳光就永远无法照进你心里。

当你不再以受害者自居，那些过往的痛苦和伤害才能慢慢分崩离析，你才能逃离过去的阴影，以一个崭新的姿态去迎接新的生活。

我知道这世上总有一些痛苦抹不平、忘不掉。忘不了也没关系，即使暂时忘不掉它们，也请你把那些散发着负能量的故事埋藏在角落里，给未来的幸福快乐腾出空间。就算这些过往总要占据你心房的一寸地方，待到它们蒙尘三尺时，你自然会变得无懈可击。

既然我们能因为无数个理由伤心难过，那么，我们也一定能找到无数个理由让自己选择坚强。我们虽然无法左右命运，但我们却能改变自己看待命运的心态。记住，你不是生活的受害者。哪怕命运让我们浮沉于世，至少在潜入深渊之前，我们还能在水里好好洗个澡。

亲爱的朋友，不管你遭遇过什么，或者正在遭遇着什么，都请你在心底始终保持一份天真与诚恳，不要埋怨他人，更不必苛责自己，只要尽力而为，便可无愧于心。

愿你一生乘风破浪，不舍爱与真诚。

别让抱怨
毁了你的一生

"好好的日子怎么又堵车,眼瞅着上班要迟到了,真倒霉!"

"看看别人家的孩子怎么就那么优秀呢?我家那孩子就总不乖乖听话,净给我添乱,真糟心!"

"刚从这家水果店里买的橘子,一打听才发现,居然买得比隔壁店里贵了一块五毛钱,真是亏大了!"

每一年,每一天,我们的耳边都充斥着各式各样的抱怨,甚至,很多抱怨的话我们自己也在说。毕竟,生活不如意事常八九,遇到不开心的事,抱怨一两句无可厚非,吐槽发泄只不过是情绪的宣泄。可是有那么一类人偏偏喜欢把自己泡在这些酸腐的负面情绪里。只要睁开眼睛,他们就开始一刻不停地怨天尤人,仿佛是一个行走的"危险品",一碰即炸,点火就着,真让人唯恐避之不及。

您还别觉得我危言耸听,因为我家隔壁就住着这么一位"危险品"。

"危险品"的真身是一个脾气古怪的老大爷,他没有家人陪伴,也没有什么朋友,陪着他的只有一条病恹恹的老狗。他平时深居简出,我很少跟他打照面,可我对他却不算陌生。因为每当夜深人静时,我总能听到从不太隔音的墙壁那边传来他暴跳如雷的骂声和喋喋不休的念叨声。

我不知道究竟是什么样的深仇大恨,才能惹得他不舍昼夜、骂得废寝忘食。于是,我就去询问街坊里消息最灵通的王大妈。王大妈跟我说,这位"危险品"先生曾经是20世纪50年代的大学生。在当时那个年代,他本该成为人人尊敬的天之骄子,可是因为他那副好抱怨的性格,出了大学校门之后,他就在社会上屡屡碰壁,最后只能"屈尊"回到老家,当了一名小学数学老师。

"危险品"先生原本就不是热爱生活的人,在饱受生活的责难后,他的积怨得不到释放,性格变得越来越偏激。他对自己的学生要求得很苛刻,动不动就气得七窍生烟。他总觉得自己是被社会辜负的那个,张口闭口都是抱怨,稍有不顺就大感委屈,恨不得在牛角尖里造一间房子住下来。

生活中许多鸡毛蒜皮的小事,都被他越琢磨越大,令他越想越觉得窝心愤恨。

可是"危险品"先生毕竟还是老师,他又不能随便体罚学生,于是只好等到下班回家时,把所有的无名气都灌进无辜的妻儿身心里。

天长日久,"危险品"先生的家里再也没有了欢乐,每个人回到家后心情都变得很沉重。

后来,"危险品"先生的妻子因病早逝,他的女儿也在成年后像逃难似的离开了故乡小城。退休的他只能一个人守在这里,陪着一条跟他一样衰老的土狗，在已经无人倾听的抱怨声中慢慢熬过后半生。

想来真是悲哀。"危险品"先生虽然满腹经纶，可惜却被抱怨毁掉了一生。

每个人的一生都不可能一帆风顺，若是时运不济，偶尔发泄一下可以理解，可是习惯性的抱怨，无论如何都不该被习以为常。

不要把一生的时间都浪费在抱怨上。抱怨不会改变你的任何现状，只会伤心、伤肝、伤身体，让事情恶性循环。

日本历史上真实的一休禅师特别爱捉弄人。

也许是因为自己传奇的经历使然，一休禅师的心胸非常豁达。无论得失荣辱，一休禅师都能坦然面对、笑看人生。可他偏偏收了一个嘴很碎的徒弟，每天遇到一点烦心事就要翻来覆去地在他耳边念叨好几遍。一休禅师忍无可忍，决定好好"修理"一下这个徒弟。

某天，一休禅师让徒弟去买一罐盐巴。徒弟嘟嘟囔囔地带着盐罐下山，很快就买好了东西，去而复返。

徒弟刚放下盐罐，就说："师父啊，你每天就在寺里舒舒服服地坐着，你都不知道我为了买这一罐盐费了多少劲！我先下山，又过河，然后顶着大太阳一路走到集市上。为了买到市场里物美价廉的盐巴，我还得挤开市场里来来往往的行人，不厌其烦地货比三家，我真是……"

眼看着徒弟抱怨得越来越起劲，一休禅师赶紧打断徒弟的话，吩咐道:"你去给我倒一杯茶水吧,再抓一把盐巴放进去。"

徒弟感到很奇怪,可还是照着师父的要求端来一杯盐茶水。这时候,一休禅师说道:"刚才一路上辛苦你了,你把这杯茶喝掉吧!"

徒弟一看见这杯浑浊的盐茶水,就忍不住侧目。可是师命难违,他只好捏着鼻子喝下去。喝完之后,一休禅师问他加了盐巴的茶水味道如何。徒弟坦言:"很咸很苦,难以下咽。"

一休禅师狡黠一笑:"这也是我每次听你抱怨时的感受,很咸很苦,难以下咽!"

我们总以为命运只揪住我们一个人折磨摧残,其实每个人都有自己的苦难,别人的苦难不会比我们少。这个世界上没有什么感同身受,也不会有人真的会为你的负能量买账。

生活就像一面哈哈镜,你用什么样的表情看它,它就把那副表情夸张了、放大了,再拿它组成你的人生。若你怀着一颗抱怨的心去看待世界,那么你身边的每件事都"糟糕透顶";若你用积极的心态去生活,那么即使你身处不堪的废墟,你也能抬头去看美丽的星空。

不要把本应该轻松自在的日子过得苦不堪言。抱怨和责骂都于事无补。与其每天都给自己灌一杯抱怨的"盐茶水",你还不如把那些用来抱怨的时间,拿来解决让你产生抱怨的那些问题,让自己的人生豁然开朗。

嘿,说的就是你,赶快收起你那呼之欲出的怨气和委屈吧!

既然已经错过了朝阳,就尽快擦干眼泪、抬起头,至少我们还能等来一片璀璨广阔的星空。

你现在的言行，
就是你未来的人生

"坏菜了"先生的生活就像他的名字一样，绝对称得上"命途多舛"。

"坏菜了"先生是我在日本认识的朋友。跟很多日本职员一样，他兢兢业业，本分老实，在公司里任劳任怨，即使没有加班费也不在意。然而，他有一个很大的毛病：凡事总往坏处想。只要工作上遇到一点不顺利，"坏菜了"先生第一件要做的事情不是思考解决方法，而是立刻宕机瘫痪，满口念叨着"出大事了，出大事了"。最后，还得同事或者上司出面帮他解决问题。时间一长，跟他一起工作过的同事再也无法忍受他的性格了，无奈之下，公司只能找一个借口把"坏菜了"先生辞退了。

"坏菜了"先生觉得自己什么都没有做错，却落得被辞退的下场，他自然愤愤不平。等他落魄地回到家里时，发现妻子正在收拾行李，结婚7年的妻子要跟他离婚。

"坏菜了"先生不解："我今天刚刚被公司辞退，现在连你也要带着儿子离我而去了。天哪，我究竟做错了什么？为什么老天要这么对待我？"

妻子看他可怜，放下行李箱，答道："别怪老天，要怪只能怪你自己。无论什么事情，你都喜欢往坏处想，时间长了谁能受得了呢？

"先说工作。你虽然在公司任职10年，可是每次遇到工作上的问题，或者哪一个环节脱离预想，你就会立刻认定结果必然失败，开始怨天尤人。每每都要别人帮你把问题解决了，你才能继续下去。

"再说婚姻。我们虽然结婚7年，但是你从来不信任我。每次我回家晚一些，或者跟哪个男性多说几句话，你就会觉得我有了不轨行径，跟我吵得不可开交。每每都要我赌咒发誓不会对你不忠，你才能恢复理智。

"最后说孩子。我们的孩子虽然不算聪明，成绩也算不上有多好，但是他的体育成绩一直很优秀，老师也说他非常有体育天赋。可是你从来不会夸奖他，每次考试结束，你都要狠狠奚落孩子一番，讽刺他将来必定考不上大学，只能靠打零工和啃老度日。殊不知，你看到的是他的短板。"

妻子叹了口气，总结道："如果不是你习惯了什么都往坏处想，或许你就不会被公司辞退，而我跟孩子也不会离你而去了。"说罢，她带着孩子推门而去。等到"坏菜了"先生坐在居酒屋跟我分享这个故事的时候，他已经离婚2年了。

"坏菜了"先生从工作到家庭，都如同中了魔咒一般，经历的事情一件接着一件地"坏菜了"。可是仔细想来，真的是老天不眷顾他吗？显然不是。是他自己硬生生地把自己的生活"想"成了那样,才把他原本可以变得很美好的生活过得狼狈不堪、一筹莫展。

生活中很多事情不都是如此吗?人生中80%以上的坎坷和失败往往都是自找的,别总把生活不顺心的原因都丢给老天爷。相信我,世界这么大,地球上有70多亿人,你跟老天爷非亲非故、没仇没怨的,他老人家真没空为你的喜怒哀乐费神操心。

当一个人的眼睛只盯着事物消极的一面时,他的言行必定是负面消极的。如果任凭负面情绪肆意泛滥,便会陷入恶性循环,而那些抱怨和愤恨所带来的后果,终将如同挥之不去的梦魇,伴随自己的整个人生。

美国社会心理学家费斯汀格曾经指出:"生活中的10%是由发生在你身上的事情组成,而另外的90%则是由你对所发生的事情如何反应所决定。"世上最精妙的原则往往也最简单。如果你选择看向悲观,你的世界就黑暗绝望;如果你选择守望乐观,你的世界就阳光温暖。

假设早上一出门就崴了脚,有的人因此心想:"哦,今天真是倒霉的一天,接下来保不齐又会碰上什么倒霉事!"于是,他心怀忐忑地通勤,别别扭扭地上班,一整天都耷拉着一副苦瓜脸,引得周围的人也或避或嫌;而有的人却想:"还好只是崴了脚,没有摔跤,没有骨折,什么大问题都没有,真好!"于是,他一整天都非常愉快,而周围的人也受他感染,变得快乐起来。生活中的一件平常小事,选择不同的心态去面对,便会引向不同的言行。当不同的言行有了时间的浇灌,便会形成固定的习惯,进而塑成每个人的人生。

人活一世，不如意事常八九。那些不顺心的事，能改变的，就尽全力去改变；实在改变不了的，就换一种心态，不要死钻牛角尖。

所以，如果下次在早晨出门时崴了脚，请你不要悲观，不要抱怨，不如去吃一碗热腾腾的黄焖鸡米饭。

懂得为别人鼓掌，
你也可以成为一道光

我刚来日本的时候，因为日语口语不太好，面试兼职四处碰壁，花了足足两个多月时间才找到一份在超市收银的工作。

尽管超市里的负责人早就教会了我诸如"欢迎光临""收您多少钱，找您多少钱""谢谢惠顾，欢迎下次再来"之类的套话，但我还是没来由地紧张，站着的时候像一根笔直僵硬的木头，在给商品扫码的时候，我的手都在微微颤抖。毕竟这份工作实在来之不易，我生怕自己哪里做错了，就会丢了这个好"饭碗"。幸好，早上超市里没有多少客人，绝大部分客人又都是住在附近、已经退休的爷爷奶奶，大家生活不忙，自然也不会直言申斥我的手忙脚乱。如今想来，当初服务过的绝大部分客人，我都已经记不清了，但我始终记得在我入职的第一天遇到的一位老奶奶。

那一天，她买了一份报纸和一瓶热咖啡。然后，她似乎仔细看了看我的名牌，那上面写着我的姓氏。

我尽力让自己不去回应她的目光，扫完商品的条形码，尽可能流畅地用口语说："您好，一共245日元。请问您想用现金还是刷卡支付?"

她微笑着看了看我,忽然说出一句很蹩脚的中文:"金吒吗?"

她说第一遍的时候我没有听清,而且也完全没有想到她说的是什么。于是,她又笑眯眯地重复了一遍那句中文:"紧张吗?"

我赶紧点头,僵硬的身体顿时放松:"紧张!紧张死了!"

她也点点头,笑着把那瓶结了账的咖啡推给我,说:"没关系的,不要紧张。这个送给你,加油!"

现在想来,那位奶奶其实只是说了一句特别普通的话,但是在当时,这句话却给了身处异国的我极大的力量,让我咬牙挺过了那段最艰难黑暗的时光。后来,我逐渐习惯了在日本的生活,日语也越来越好。每次去超市兼职时,我都盼望着能再见那位奶奶一面,可是过了很长一段时间,我都没有再见过她。直到我慢慢放弃了再见的想法,在那一年年末的时候,我才又在收银时遇见了那位奶奶。

她还是买了一份当天的报纸和一瓶热咖啡,然后对我微笑,用中文说:"今天的你比之前好多了,你慢慢在习惯。"

这一次,我也对她还以微笑,真诚地回答:"谢谢您,真的谢谢您。"

这份收银的工作我一直做了很长时间。其实仔细想想,我还是能回想起来当时服务过的很多客人:有一个西装革履的公司职员,跟我讲话时一直使用敬语,结账之后还会向我郑重地鞠一躬;有一位温柔娇小的家庭主妇,每次来超市都会买满满三大筐商品，结账之后会很温柔地跟我说"谢谢"；有一位个子高高的老爷爷，每次来超市必买20条士力架和一大堆零食，每次结账时都会热情地回应我说的那些服务业套话，还会耐心地让我"不要着急"……

我看过一个脱口秀视频，主持人是一个穿着朴素的小姑娘，看起来腼腆又可爱。在脱口秀的前半段，小姑娘讲得特别出彩，引得观众们笑声连连。可是在又一阵满堂大笑过后，小姑娘许是被这过于火热的场面吓到了，竟然忘了词，梗在了舞台上。她尴尬地直搔脑袋，一会儿求助似的看看摄像机，一会儿又看看台下的观众，不知该下场还是该继续。

就在这短短十几秒的时间里，台下的一位观众忽然喊了一声："继续讲吧！好笑！"紧接着，台下忽然响起了潮水般的掌声。掌声里的小姑娘终于又笑了，继续讲下去，大获成功。

不禁想起，某一年我去参加一个论文发表会的时候，我的朋友在上台发表时也是忽然忘了词，也是因为台下不知是谁带头掀起的一阵热烈掌声，才让他从满腔的尴尬和自卑中恢复过来，最终完成了发表。

后来，朋友跟我说：如果当时没有那阵掌声，他可能会选择直接下台，甚至可能会在台上哭出来。

他说："忘词的时候，我真的觉得自己肯定完蛋了。可是那一天的掌声却告诉我，我还没有失败，我还有资格继续努力下去。多亏了那阵掌声，我才能重新振作起来、坚持下来。"

再后来，每次参加研讨会或者其他什么活动，我都会带头为台上的人们鼓掌。为别人鼓掌，并不代表你甘心充当绿叶或是向对方认输，而是在他人需要的时候，让自己变成光源，带给别人力量。

那位解放了黑人奴隶的美国总统林肯说："为他人喝彩是一种美德。"

在人生的舞台上，每个人都是自己生命里的主角，每个人也都是其他人生命里的看客。没有人不希望自己在遇到"演出事故"时，能够得到别人善意的鼓励和帮助。乐于为别人鼓掌，既是一种习惯，也是一种修养。

然而，现在的人们似乎越来越没有耐心，越来越浮躁刻薄。

在现代社会，我们似乎能看到很多这样的人：他们看影视剧要开1.5倍速，出门喝奶茶吃火锅，只要排队时间长一点就破口大骂，看别人朋友圈发了美食美照就嘲讽对方P图乱秀，跟网友聊天一言不合就"问候"彼此祖孙三代……你说他们过得很辛苦吗？或许并不比别人更辛苦，甚至可能比很多人都要轻松。但是在他们看来，肯定别人的优秀仿佛就等同于承认自己不如别人优秀，只有不分青红皂白地见人就踩一脚、见井就扔块石头，才能让他们觉得自己过得很幸福、不可悲。说白了，他们对待世界的所有刻薄，归根到底不过是因为自卑而已。

我承认，"幸福感"的确是一个比较级。但我们实在没必要通过讽刺和贬低别人来安慰自己过得真好。在他人需要鼓励的时候送上一份真挚的掌声,有时候反而比故意标新立异的"唱反调"更能展现一个人的豁达、大气和从容。

在他人需要时,为其送上一份鼓励的掌声吧!在人生路上,我们也可以成为别人的光。

part 04

让别人认同与关注，你自己先要"值得"

优质高效的朋友圈不是主动求来的。
要想让社交变得更有效，
我们能做的是把握好前进的航向，
然后努力提升自己。

喜传语者，不可与语；
好议事者，不可图事

"传话筒"小姐最近被降职了。

一提起这事，"传话筒"小姐就一肚子火。她明明工作业绩很突出，在公司里的人缘也特别好，上到主管经理，下到扫地阿姨，她都能搭上话，可为什么偏偏只有她被降职了呢？"传话筒"小姐耐着性子想了好几天，还是想不通问题到底出在哪里。气不过的她索性直接去找老板的秘书阿杰问个明白。

"传话筒"小姐直截了当地问道："阿杰，你实话实说！老板给我降职是不是因为你说了我什么坏话？"

阿杰委屈地说："天地良心呀，我可没有这种爱好。"

"那你说说，我到底哪里对不住公司了，老板凭什么给我降职呀？"

"你仔细想想，你平时除了工作，业余时间在做些什么？"

"传话筒"小姐歪着头想了想，说："我跟其他同事一样呀！业余时间也就是跟别人聊聊天、喝喝茶而已，难道喝茶聊天也是降职的理由？"

阿杰摇摇头，叹了口气。

"前几个月,市场部的实习生姚兰穿了一件国外进口的名牌长裙。你听说之后,到处跟人说她的那条裙子那么贵,肯定是哪个富二代送她的礼物,气得姚兰再也没穿过那条裙子。

"上个星期,销售部的副主管Lisa杨在上班时没有化妆。你看见之后,逢人就说Lisa杨平时那么爱美,保不齐是因为在跟老公闹离婚才没心思化妆,害得她白白受了公司里不少闲话,知道真相之后更是气得差点辞职。

"降职之后的这几天,你不但不好好反思自己,反而变本加厉,到处跟人抱怨公司有眼不识泰山,早晚得关门大吉;同事们钩心斗角,嫉妒你的才华和能力;老板的眼光太差,耽误了你的大好前途……你总是喜欢以讹传讹,说话口无遮拦,这就是你被降职的理由。"

"传话筒"小姐心虚地低下头,随即反驳道:"可是我说的那些话没有恶意呀,我不过就是为了宣泄一下情绪,或者开开玩笑,活跃一下聊天气氛罢了,难道这也有错吗?"

阿杰说:"即便你有诸多理由,但只要你身在职场,就必须遵守职场的规则。说话不注意分寸的人,喜欢传话和造谣的人,就算他的工作能力再突出,也不会有任何一家公司敢重用他。"

大二的时候,我去北京实习,曾经遇到过一位姓赵的前辈。赵前辈在公司工作了十多年,工作经验非常丰富,对我们这些实习生也特别友好。入职第一天,赵前辈就拍着胸脯跟我们说:"你们就管我叫赵姐吧,以后工作上有什么不懂的地方就来找我，赵姐保管帮忙到底！"

我们这群初入职场的傻孩子一听这话，感激得都快哭出来了，恨不得立刻就跟这位慈眉善目的前辈结成莫逆之交。刚开始的时候，我们都以为赵姐是真心关照，有什么心里话都愿意跟赵姐说。可没过多久，我们当中的一些人就发现不对劲了。

实习生阿冬很爱打扮，天冷的时候也要穿裙子上班。心地善良的赵姐一见她，就在办公室里扯开嗓子说："哎呀，阿冬，你今天怎么又穿这么少呀，就算是想给男人们留个好印象，也得先保护好自己的身体呀！"

在策划部实习的阿茶一时粗心做错了数据，被主管骂了一通。讲义气的赵姐听说之后，逢人就替她打抱不平："不就是错了一个数据嘛，犯得着骂人吗？我看那个主管就是故意针对阿茶，难怪阿茶总跟我抱怨呢！"

实习生番薯刚刚跑完外勤回到公司，累得全身酸软、眼皮打架，迷迷糊糊地竟然忘记跟领导打招呼。心思细腻的赵姐看到之后，立刻像大喇叭广播似的，逢人就说："我早就知道番薯对公司的工作安排很有意见，可年轻人得历练呀！你问我怎么知道的？他要不是心有不满，看见领导怎么能不搭话呢？"

看清了赵姐的面目之后，我们才终于明白资历最深的赵姐为什么迟迟得不到晋升，身边也没什么好朋友。拜赵姐所赐，我们这些实习生只用了短短几个月的时间，就学到了职场中的重要一课——要想在公司长久发展，除了要提高个人能力，还要记得约束好自己的言行。

职场里最重要的两条铁律就是：不要随便传话，不要抱怨他人。

喜欢搬弄是非的人，没人愿意和他交往。像"传话筒"小姐这样的人，即使她性格再好、能力再突出，我也只想和她浅交辄止。因为当我听着她津津有味地聊起别人的八卦时，我会想到，她可能也会在背地里和别人吐槽我。

喜欢传话的人，没人愿意跟他共事。像"赵姐"这样的人，即使她的初衷再好，待人再怎么无微不至，我也不愿意把心事讲给她。因为我知道，她一定会把从我这里听来的材料添油加醋地告诉给别人，闹得人尽皆知。

生活中就有那么一些人，他们把"传话筒"当作自己的毕生事业，整天忙着打听东家长、西家短，讨论着与自己毫无关系的事情。他们比娱乐圈的狗仔队还敬业，比你的父母还关心你的生活隐私。他们今日对你的百般好，其实只是把你当作了来日标榜自己的谈资而已。

《小窗幽记》中有这样一则处事之训："喜传语者，不可与语；好议事者，不可图事。"身在职场中也好，身在日常生活中也罢，交友识人时一定要谨慎再谨慎。一颗真心很宝贵，切勿轻寄负心人。那些爱嚼舌根的人，即使你尚未深受其害，也务必记得敬而远之。

擅用口舌翻天覆地、搬弄是非的"传话筒"小姐们其实就隐藏在你我身边，你若觉得防不胜防，不如谨记三缄尊口。

实现有效社交，
你要先让自己"值得交往"

在如今这个时代，似乎所有人都在跟各种社交媒体上的数字较劲，仿佛谁的好友加得多、谁的朋友圈点赞数量多、谁的微博动态浏览次数多，谁就最有资格挣得一个远大前程。"社交达人"的称号一下子成了朋友间最值得炫耀的头衔。人们都在努力向这样的人靠拢——当身边的朋友或爱人遭遇困难时，只要给自己的人脉打个电话，便可轻松解决问题，四两拨千斤。

连葛优葛大爷都说21世纪最稀缺的资源是"人才"，那什么才是评价人才的标准呢？是人脉。于是，为了拓宽自己的人脉，不少人宁愿放弃读书、健身、旅行和陪伴家人的时间，只要得了空闲，就到处跟人喝酒应酬，与朋友联络感情。那滚圆的啤酒肚和过早后移的发际线就是他们"努力"的证明。

一向特立独行的番薯对此非常反感，他跟我说："阿檀，其实那些人开拓的人脉绝大部分都没什么用。我才不会像他们那样广撒网呢，我只要跟有用的少部分人保持友好关系就够了。"

番薯最拿得出手的人脉有3个人。

第一个是大牛A。大牛A是全校有名的学霸，不仅包揽了大学四年的全校第一，还在学术期刊上独立发表了好几篇优质论文，最后拿到了学校保研北外的名额。大牛A颇为自傲地跟番薯说："只有具备了渊博的知识，你才有资本跟公司讨要更高的福利待遇。要想出人头地，考研才是第一选择。"

番薯觉得很有道理，于是决定考研。可是他的第二个人脉学长B又发话了。

学长B是学校历届毕业生当中最出名的"面霸"，曾经以出众的表现当场拿到了一家公司年薪50万的offer。学长B字字恳切地跟番薯说："死读书没有用，你要多去实习和兼职，在亲身工作当中积累经验。"

番薯觉得受益匪浅，于是他又去兼职当了英语家教，准备考研和兼职并举。

可这时，学长C又跳出来跟番薯说："眼光要放长远一点，你得多去世界500强公司投简历，只有他们认可了你，你才是真有本事。万一找到了好工作，你就不用费劲地实习和考研了！"

番薯连连点头。于是在大学四年里，番薯一边忙着实习兼职，一边忙着学习备考，一边又徘徊在各大招聘会当中，每天忙得脚不沾地。可是他的精力太过分散，结果自然事倍功半。最终，番薯考研失败，也没找到心仪的工作，只能听从父母安排，回到位于四线城市的老家当了一个普通职员。

在波澜不惊的平淡生活中，番薯偶尔也会回想起自己的大学时代。他不明白，他明明按照那些优质人脉的建议去做了，为什么结果还是竹篮打水一场空呢？

其实番薯不知道，错不在人脉，而在他自己。

当你缺乏明确的发展方向和目标时，你的社交就是无效的。

若你的人生漫无目的，你就无法在繁复的社交中筛选出对自己有用的信息。这时的你从社交当中获得的信息越多，你心里的困惑和焦虑反而会越多。你越是想要少走弯路，就越容易陷入东奔西顾、事倍功半的状态当中，渐渐迷失自己。

无论到了何时，能够为你雪中送炭、指明前路的人，少而又少。人脉再丰富，社交再高效，最多为你的人生锦上添花。

大二时，一位颇有名气的作家曾经来大连做宣讲会。那时我已经决定开始写作，于是在讲座结束之后，我专程跑到后台跟作家聊了很久。作家耐心地回答了我的所有问题，还主动留了自己的联系方式给我。我当时受宠若惊，仿佛自己已经把一只脚跨进了文艺圈。可是等我鼓起勇气将自己最满意的作品发给作家点评时，作家却再也没有回复过我。

当时我真的很有挫败感，感慨世态炎凉的话也说了不少。后来，随着我认识了更多的人，我逐渐理解了那位作家的选择。毕竟，身份和地位平等的友谊才会稳固，能够共同进步的人际关系才能长久。想要真正结交有价值的人脉，你就必须努力奋斗，让自己先成为朋友圈里的王牌。

当你本身不够强大时，你的社交也是无用的。你以为自己和对方相谈甚欢，彼此存了电话和微信，拍拍肩膀说一句"有事互相照应"，对方就会跟你成为守望相助的知交好友。可是等你真的遇到了麻烦，你却永远找不到这个人。这并非因为人心本势利，只不过是因为社交本就是一种时间成本的等价交换。当双方地位不对等时，时间成本更高的人自然不愿意把精力浪费在不值得的人身上。

简单一句话，想要实现有效的社交，你就要先让自己变得"值得"。

朋友不是工厂里的流水生产线，不可能马上就给我们带来可观的利益。我们也不是预言家，不可能预知参加了哪一个活动，就会遇到哪一位不可多得的贵人，给我们的人生带来转变。

优质高效的朋友圈不是主动求来的。要想让社交变得更有效，我们能做的是把握好前进的航向，然后努力提升自己。

当你有了坚定的方向时，你就会更妥善地经营自己的社交圈子，也能更敏锐地在人际交往中获取对自己有意义的信息，及时取长补短；当你有了足够的能力和上升速度时，你就会进一步吸引来那些与你志同道合、步调一致的人，在团队合作中收获更多。

所以，别再说社交无用了！也许无用的并不是社交，而是你自己。

珍惜你的
整个世界

虽然桌上放着的日历跟我扯谎说冬天还早,可是我偶然间抬头一看,家门口路两旁的树上的叶子都已落得差不多了。我分明还记得两三个月前,树叶们刚由翠绿变成黄绿,还记得暮春五月时的红花如簇,在一场雨后又变得绿肥红瘦。可是转眼间,树叶们纷纷从枝头跌落下来,我知道,这一年又要过去了。

我刚满20岁的时候,有一天,我突然发现自己的脚步越来越快,比之前任何一个年纪的我都要快得多。记忆中的我应该是一个慢性的人,可是20岁的我像忽然转性似的,甚至开始享受把一个又一个行人甩在身后的感觉。

人一走得快了,的确很节省时间。可是我也没有了在路上欣赏景色的兴致,我像是被钟表的时针裹挟了似的,像是身后有个什么人拿着皮鞭催打似的,只记得让自己走得快一些、再快一些。于是,等我终于重新想起慢下脚步去看周围时,发现身边的好多风景都已变了。

在似乎无休止的繁忙当中,我错过了多少个日子的风景呢?

后来,日程不忙的时候,我总会特地避开平坦宽敞的大路,专门去走那些人迹罕至、崎岖蜿蜒的石子小路。这样悠闲的石子路往往遭勤力忙碌者厌弃，可是我却喜欢。不为别的，我就是想要让自己的脚步慢下来，有闲情去看看之前从不曾细细端详过的高树、叶子、泥土、落花。

工作和琐事是永远处理不完的，时间挤一挤总会有的，可是今天路上的风景，错过了就不会重来。

生活的主旋律也许就是忙碌和身不由己。人生路上总是充斥着数不胜数的挑战，即便侥幸毫发无伤地闯过了这一关，仍然会有下一关。

凡人总抱怨：日子往往长又苦，苦日子又太忙。

要想在这一串苦日子里酿出些甜味来，我们就得学着忙里偷闲。

雨后傍晚，我走在路上，忽然闻到一股刺鼻的油漆味，那股味道隐藏在雨后的泥土气味里，混合在沁人心脾的空气里，不浓不淡，不深不浅，让人想避也避不开，想躲也躲不掉。

我不禁皱起眉头，在胸腔里憋住一口气，脚下恨不得生了风地离开。我心里越想赶紧走过这片区域，但每一次忍不住吸气时，那股油漆的味道居然越来越浓。我一味回避，费了半天力气，不仅没有躲开它，反而把自己平静的心情搞得凌乱焦躁起来，连出门散步的兴致也没有了。

我终于知道自己斗不过它，索性就张开双臂，迎着风向深深地吸了一口气。虽然堪堪下咽，可再呼吸时，原本那股令人汗毛倒竖的味道居然变得温和了许多，也没那么令人难受了。

要想抛弃成见和固执,必须把自己柔软的肚皮敞开,不带一点私情地去拥抱这世界;必须经历一些困苦,这一过程中所遇到的碰撞、对立,就像突然撕开了结痂的伤口似的,让人痛如切肤。

人们出于自保的本能,总是会不由自主地固守自己的安全领地。于是,我们习惯性地在自己脸上写满了"生人勿进"四个字,活像只宣示主权的豹子,提防着他人伤害的同时,却也困住了自己。

我们之所以如此焦虑,大概就是因为封闭了自己的心吧!为了避免受伤害,我们把自己心中的波涛汹涌一股脑儿地锁在方寸之间,一旦有人大着胆子叩开心门,迎接他的准保是水漫金山、铺天卷地。

这世界有家门口的枫树、柳树和象棋摊,有小区里的凉亭、公园里的滑梯,也有江河湖海、崇山峻岭、灿烂星辰……

这世界有街转角的煎饼摊,有校门口的糖葫芦和干脆面,也有寿司鱼片、炸鸡啤酒和烤羊肉串……

这世界很美,你真的不走出去看看?

收到2张话剧票,于是约朋友去看话剧。一场看下来,朋友始终一言不发。直到散场时,她才怯生生地问了一句:"周周,你是不是有什么心事呀?"

我被她问得一愣:"没有啊,怎么了?"

朋友表现出一副邻家小孩闯了祸、等着挨父母骂似的样子,小心翼翼地跟我说:"看话剧的时候,感觉你身边的气压一直好低,我还以为你有心事,所以才心情不好呢!"

实际上,我只是在专心看话剧,什么烦心事都没有。

20世纪的一位日本摄影家秋山庄太郎曾经说:"在外界面前,人们的面部表情总会不由自主地追随场合表演着喜怒哀乐。所以,真正自然美丽的表情是无法摆拍出来的,只能抓拍到。"

人和其他生灵一样,内心也希望能跳出社会的种种限制、自由地活着。所以,每当站在镜头前,或是在别人目光的包围中时,人们会觉得紧张,为了生活强塞给的剧本而卖弄演技。只有当夜深人静、灯火阑珊时,或是在专注于某件事情而暂时忘记表演的时候,人们才能重新做回自己。

也许,一个人最原始、最自然的表情就是略带阴郁甚至是冷若冰霜的吧!这种表情无关悲苦,只不过是在平时觥筹交错的应酬中笑累了,想要暂且逃离生活既定的角色,在自己的心里稍加休息而已。

我一个人走在路上,看到街上的人们一个接一个迎面走来,他们面无表情,有的人甚至双眉紧蹙、满面愁云。在艺术家们看来,这些人一定是陷入了人生的某些阵痛当中,但其实,他们心里可能想的只是晚上该做什么饭。

5月的一天傍晚,我在街上散步时,忽然透过一家咖啡厅的落地窗看到了一位朋友。彼时的她,正在跟女伴坐在金黄色的咖啡厅里热络攀谈。在我原本的印象里,这位朋友非常腼腆寡言,平时总是一副唯唯诺诺的样子,甚至经常会让人忽略她的存在。可就在这一刻,在这间咖啡厅里,我却在她脸上看到了一种意气风发、快意潇洒的神采,仿佛在她面前坐着聆听的,不是一个与她年龄相仿的女伴,而是整个世界。

也许,那个一直陪在我们身边,既能聆听我们的大吵大闹、抱怨吐槽,又能包容我们搞怪耍宝无厘头,让我们满足得像是已经征服了世界的人,就是古人所谓的"人生至交"吧!

请你好好珍惜那个可以让你在他面前肆无忌惮的人,因为他就是你的整个世界。

朋友是应该给你指引正确的路，还是支持你想走的弯路

我曾在微博里收到这样一封私信。

发私信的人叫圆圆，她说："阿檀，你好，我是一名专科生。最近，我一直在烦恼一个关于人际关系的问题，所以想来咨询你一下。

"事情是这样的，马上就要开始进行教师资格证考试的报名了，一直以来，我的梦想都是当一名高中老师，可是目前专科生只允许考高级中学以下的教师资格证，本科生才允许考高级中学教师资格证。虽然我也很想考研，可是目前我还不具备考研的资格，我自己的学习成绩也很一般。我很害怕，如果放弃了这次报考初级中学教师资格证的机会，万一以后连考研也失败了，自己就什么都没有了。于是我就想将就一下，先把初级中学教师资格证考下来，以后再看情况决定考不考研。

"虽然我心里已经有了初步的打算，可是直到报名的前几天，我还是很犹豫。于是，我就去咨询了一下我两个最好朋友的意见。可奇怪的是，她们两个人给我的意见却截然相反：朋友甲告诉我要相信自己的能力，趁着年轻多拼一拼，让我先放弃这次

报考,等考研成功之后再说;而朋友乙则建议我稳妥行事,从长计议,先趁这次机会把初级中学教师资格证考下来,以后再准备考研。

"我思来想去,还是觉得乙的建议更有道理一些,于是最终报名了初级中学教师资格证考试。事情本该就这么结束了,可是这几天,我的心里一直不太舒服。我一直在琢磨着甲当初给我的建议,越琢磨就越想不通——甲应该知道以我的学习成绩,考研很难成功。既然如此,她为什么还要劝我走一条难走的路呢?

"甲和乙是我在大学里最信任的朋友。乙跟我是认识十多年的发小,她是典型的摩羯座性格,踏实认真、对人坦诚,我跟她也知根知底、很有默契,就算不说话也总能想到一块儿去。所以我很信赖她的建议,也很珍惜与她的友谊。可是甲这个朋友是我上大学时才认识的。仔细想来,她这个人平时就没什么人缘,因为她特别爱出风头,唱歌、演讲、话剧、辩论、田径赛……学校里的各种活动,无论大小,她都要冲在最前面,哪怕以她的能力根本没有胜算。学校里的很多人都不太喜欢她的招摇,可她照旧我行我素。

"我并非不知道甲的这些毛病,可是当初我觉得,甲只是性格直爽了一些、爱表现了一些,本性还是善良的,所以我才不顾别人对她的非议,跟她做了朋友。可是经过这一件事之后,我开始怀疑甲对我的友情了,再回想她之前做过的很多事情,似乎也都有'别有用心'的嫌疑。

"我身边的人几乎都劝我跟甲绝交,我一想到以前跟她在一起的快乐时光,就觉得特别舍不得。可是阿檀,你说,真正的朋友肯定不会建议对方'明知山有虎,偏向虎山行'吧!我到底该不该跟甲绝交呢?"

我看着这封私信,想了很久,才在键盘上敲下回复:

"亲爱的圆圆,首先要感谢你的信任。可惜的是,我没办法帮你做出判断。不过,我倒是很愿意跟你讲一讲我对这件事的看法。

"根据你的描述,你的朋友乙是一个言行谨慎的人,又与你有很长时间的友谊,应该对你的一切非常了解。因此,她建议你先考下初级中学教师资格证,应该是出于对现实状况等各方面因素的冷静考虑,目的是让你避免竹篮打水一场空。因此,她的意见不失为明智,她对你的友谊也是真诚的。

"从你的介绍当中,我推测你的朋友甲应该是一个热情似火、敢想敢为的人。她劝你鼓起勇气、坚持考研,应该只是希望你不要因为困难就轻易放弃梦想,努力为自己争取一个更好的前程。既然曾经的你选择力排众议,与甲成为朋友,在迷茫时也愿意把她当作你最信任的两个人之一,那么我相信,她身上一定有打动你的性格特征,她为你提出的建议也一定是值得信赖的。只是,也许因为你们相识的时间还不长,所以你们还不太了解彼此的内心。

"当一个人的理智开始犹豫不决时,其实他的感情就已经在心里做出了决定。在坚持梦想还是妥协现实的这个问题上,你的朋友乙凭借着与你多年的默契，清楚地察觉到了你内心天平的失衡，所以她选择为你心底的声音说话，无条件地支持你做出的决定。而你的朋友甲，可能正是因为看穿了你心里的畏惧和退缩，才会选择当一个忠言逆耳的人，鼓励你努力考研、不要随便将就。她们选择的，其实都是她们自己认为的、对你来说最有益的道路。因此，单纯从这一件事来看，我觉得她们都是你值得信赖的朋友。

"所以啊，亲爱的圆圆，我的建议是：如果你觉得除了这件事，甲还做过很多实际伤害了你的事情，那么你可以考虑跟她绝交。但是，如果你还有所顾虑，就请你再给你们的友谊一次机会，先让自己尽可能地排除外界的质疑和偏见，做出最符合自己内心的决定。"

如果人间的烦恼能够量化统计，想来人们的大部分烦恼都源于身边的人，尤其是来自那些距离我们最近的亲人和朋友。

我经常听到读者们发出这样的疑问——到底什么才是真正可信任的友谊，到底什么样的人才是真正合格的朋友？

关于"合格的朋友"的定义，古往今来，一直未有定论。

有人说，合格的朋友，就是在你迷茫困惑时，给你指引一条正确的路的人。

也有人说，合格的朋友就应该百分之百无条件支持你，哪怕你走的是一条弯路。

曾经有一段时间，网络上还流传着这么一个段子，说："真正的朋友就是,我即便计划去杀人,他也能坦然陪在我身边给我递刀,两个人该出手时就出手,风风火火闯九州。"

我无意也无法断言真正的朋友究竟是什么样子,但我敢断定的是,如果真有人做出"你杀人、我递刀"的事情来证明友谊,那么等待他的一定不是"红尘做伴,活得潇潇洒洒",而是至少有期徒刑20年。

我喜欢把朋友分成两类,一类叫"雪中送炭",一类叫"锦上添花"。

"锦上添花"的朋友是需要的。他们并不一定都是酒肉朋友,也并非完全没有对我们付出过真心,甚至当我们获得一些成就时,他们往往是第一个守在终点、献上掌声和鲜花的人。可是这些人却不可能与我们"共患难"。或者换句话说,当我们孤独无助时,绝不会想到要找他们帮忙;我们那些不可爱、不帅气的一面,也绝不想被他们看见。

"雪中送炭"的朋友是必需的。他们也许并不是你最热情的观众,在你风光无限、高朋满座时,你往往想不起来他们的存在。他们当中的很多人,甚至可能一年到头也不会跟你有太多的联系。可无论时间过了多久,你却依然能无比确定:当你有难处时,只要你给他们打个电话说一句,他们就一定会从四面八方赶到你的身边,成为你最坚实的依靠。这样的朋友还有一个通俗点的别称,叫作"知己"。

这世上毕竟圣人少、俗人多。我们绝大部分人都无法明智地预判未来的事情。所以，我们真的不该对那些与我们最亲近的亲人和朋友要求太多。

为你指引坦途的朋友也好，支持你选择弯路的朋友也罢，只要他的初衷是为你着想，他的目的是让你活得更幸福快乐，他就是你可信赖的朋友。

斯福尔扎在《文化的演进》中说，由于基因的作用，平均下来，每个人在一生当中都会结交1000个左右的朋友。不过，这其中的绝大部分都只是"锦上添花"的朋友，甚至还有一些狐朋狗友。

在诸事顺遂时，人们往往不会太在意身边的朋友是否真诚可靠。只有当一个人需要帮助的时候，他才会恍然发现：自己虽然认识那么多人，可与言者无二三。真正的朋友永远比我们想象的要少得多。

闲来无事时，不如就着浊酒、花生琢磨一下：我们的社交圈里有几个"雪中送炭"的朋友呢？

有事儿
您直说

邻居家的小姐姐阿莹比我大3岁，大学毕业后在一家化妆品公司做市场经理。阿莹姐长相甜美可爱，性格温柔独立，又出得厅堂、下得厨房，简直就是我眼中新时代女神的最好代表。因为工作忙，阿莹姐一直没找男朋友。这可急坏了阿莹妈，她原本还计划在60岁前抱上大孙子呢！为了嫁女儿，阿莹妈火速掀起了一场"相亲革命"，不由分说地为女儿在各大婚恋网站上投了资料。这场"相亲革命"直接导致阿莹姐在之后的很长一段时间里，每逢节假日，不是在相亲，就是在去相亲的路上，忙得更加焦头烂额。

看着每天疲于应付工作和妈妈的阿莹姐，我实在心疼不已，于是向阿莹妈主动请缨，把我人脉圈里最年轻有为、德才貌兼备的一个小哥哥介绍给阿莹。小哥哥名叫思涵，是我的大学学长，现在在国内一家知名互联网公司做软件工程师。

巧的是，在相亲场上快要身经百战的阿莹姐居然一眼看中了思涵。我想，这下终于能完成老太太的心愿了，可是不知为什么，自从阿莹姐和思涵第一次见面之后，两个人再无联系，似乎已经没有了下文。

我不解个中原因，阿莹妈更是急得起了满嘴泡——自己女儿好不容易才碰着一个看得上的小伙子，怎么就这么没头没尾地结束了呢？于是，我不得不再次背负起阿莹妈"相亲革命阵线"上的沉重嘱托，分别向这两位当事人咨询内情。

我先去问阿莹姐。阿莹姐坦然地回答说："至少从第一印象来判断，我对思涵还是挺有好感的。第一次见面时，我也给了他很多可以继续交往下去的暗示。所以不是我不想喜欢他，而是他没有看上我。"

我又去问思涵。思涵跟我解释说："阿莹为人很好，我也很喜欢她这种类型的女生。可是我跟她聊天的时候，她却一直对我提出的问题闪烁其词，跟我说的话也都模棱两可，让人不解其意。所以，我推测她不太喜欢我，也就没有再自不量力地联系她了。"

我一时被他俩说的话闹得有点懵："你们两个人明明都对彼此一见钟情，却偏偏都误解了对方的意思，你们那天到底是怎么聊的？"

思涵略微犹豫了一下，回答说："刚见面时，我先介绍了自己是软件工程师，公司在哪里、年薪多少，目前的经济状况如何。等我说完之后，阿莹却突然跟我说，她特别喜欢用某个牌子的化妆品，随后又讲了一大通关于国内外化妆品市场之类的东西，听得我云里雾里。

"后来，我想换一个别的话题，于是就提到自己平时喜欢写写诗,然后问她有什么爱好。可是阿莹根本没有正面回答我,而是和我谈了半天挪威的极光和北海道的雪景哪一个更适合冬假旅行,听得我一头雾水。

"聊到最后,虽然我已经感觉到她对我不太满意了,可我还是不死心地直接问她对我的印象如何。她却又不知所谓地跟我说,自己非常喜欢司马相如的《凤求凰》。阿莹从头到尾都没有正面回应过我一句,我据此猜想她不太喜欢我,自然就没有再去找她了。"

末了,思涵总结说:"跟阿莹聊天就像猜谜一样,心太累。"

我把思涵的话原封不动地转述给阿莹姐。阿莹姐听了却不以为然:"思涵当时问我的问题,我其实都做出了回答,是他自己没听懂我的弦外之音,怎么能怪我呢?"

阿莹姐说:"我当时跟思涵提了一句我喜欢的化妆品,又故意表现出我对化妆品牌在国内外市场情况的了解程度和专业程度,这不就表明了我的职业是化妆品公司的市场经理吗?后来,我跟思涵讲到了北欧和日本的旅游攻略,这不也侧面证明我平时喜欢旅游,而且收入状况还不错吗?最后,我说到自己喜欢司马相如,还特地提了西汉《凤求凰》的典故,这不就明摆着告诉他,我已经像卓文君初见司马相如一样,对他一见钟情了吗?"

听完阿莹姐揭晓的"谜底"之后,我一时无言以对,只好劝她下次再和思涵见面时尽量有话直说。阿莹姐却满不在乎地反驳:"如果什么事儿都得直截了当地说个内外干净,那该多没有情趣啊!生活的韵味不就在于'犹抱琵琶半遮面'嘛!"

我说:"艺术创作的确是要讲究'半遮面',可是过日子跟那不一样啊!"

阿莹姐撇撇嘴:"反正,我觉得我没做错什么。归根到底还是思涵不够了解我。既然要与我相伴一生,不够了解我怎么行呢?"

于是,思涵和阿莹姐的缘分最终还是尽了。此后,阿莹姐依旧在业余时间里奔波在相亲的第一线上,满心期待地等候着那个无须语言交流、只靠脑电波就能与她心意相通的 Mr. Right。思涵则很快与另一位在相亲时认识的女生结了婚,两人至今恩爱如初,幸福得羡煞旁人。

我遇见过不少像阿莹姐一样的人。他们心思细腻、憧憬爱情,始终向往着能找到一个与他们心心相印的伴侣。他们相信,世界上真的会有另外一个人能够依靠传说中的"真爱魔法",与他们达到世间最完美的默契——无须用低级的语言交流,只要一个动作、一个眼神,就能理解彼此的喜怒哀乐。

可是,"魔法"毕竟只有少数人能够亲眼得见,"真爱"也不是只有默契度这一种评判标准。我承认,也许在这世界的某个角落,真的会有一个与你在各方面都高度契合的"另一个你"。然而,我们在生活中遇到的绝大部分人最了解的还是自己。人与人之间的差异真的很大,无论彼此的关系多么亲密,如果我们不直白地说清楚自己的真实想法,对方真的不会懂。

我身边有很多人,总是不好意思把自己的真实想法讲出来。每次要表述自己的观点时,都要先拐个山路十八弯。他们最喜欢做的，就是和自己亲密的人玩猜心游戏——如果你真心爱我，你就应该知道我心里是怎么想的。想要证明爱我，你就必须一眼看出如何应付我的脾气。

在他们眼里，情感变成了一道道测试题。他们自己则是最严格的考官，考试只许胜不许败，一次没过马上出局，很少有商量的余地。

也许是我们把真爱的力量看得太重了。真心爱一个人，的确会让我们产生想要尽全力了解对方的冲动。可是再怎么手挽手、心连心的两个人，到底还隔着两层肚皮和脂肪呢！人类之所以进化出了语言，就是为了解决生活中遇到的种种问题，而不是为了制造更多的问题。仅凭着脑电波或者第六感就能了解彼此的，那不是人类，而是ET（外星人）。

这世上没有任何人有义务了解我们跌宕起伏的内心戏。就算是那些真心爱我们的人，我们也无法强迫他们始终保持亘古不变的耐心，以学生时代一般的认真，去剖析我们每一个言行背后的深意。

爱情真没有那么多陷阱和隐秘。别把你的日子过成谍战大戏，也别把事情搞得那么复杂。若心有所想，就坦荡地说出来吧！21世纪最珍贵的资源就是时间，我们真的没空再玩什么猜心游戏。非要让别人猜来猜去，结果只会苦了别人、累了自己。

做人、做事时可以视情况选择婉转迂回，可是在感情当中还是直白一点吧！套用一句春晚小品里的经典流行语：有事儿您直说！

今天的痛而不言，
终将成为明天的一笑而过

"学习雷锋好榜样，忠于革命忠于党……"

回家后的每天清晨，我都会听到窗外传来这样的歌声。别紧张，这不是我穿越了，而是我家小镇上那个义务指挥交通的大爷又出门了。

这位一大早就吃着早点、唱着歌的大爷姓张。我们这些从小就不太懂事的孩子喜欢叫他"老张"。老张算是小镇上的名人，不少像我这样的年轻一辈都是听着他的"传说"长大的。每天早上，老张都会穿上一身绿色的军装，揣一个唱红歌的录音机，骑着一辆"二八老破驴"从家里出发，他要赶在大人孩子们上班、上学的时间之前，到小镇上各个容易发生交通拥堵的地方去指挥交通。自从在工厂里退休后，老张就开始了现在这样的生活，无论阴晴风雨，从无改变。

小镇上的退休老人大都过得挺自在：喜欢热闹的，没事儿的时候就找几个老朋友凑在一起打打麻将、下下象棋；喜欢安静的，一个人遛弯、写字、侍弄花草猫狗。唯独老张不同。他不仅志愿当了交通协管员,还总穿着那么一身看上去极有年代感的服装,看上去给人一种"岁月遗珠"的感觉。

我还在小镇上学的时候,无论春夏秋冬,都会看见老张带着"交通协管员"的袖标,骑着他那辆除了铃不大响剩下哪儿都响的"二八老破驴"到处走街串巷。

哪里有交通混乱,哪里就会出现他的身影。幸而小镇不算大,他那辆破旧的自行车也足以驮着他抵达每一个需要他的角落。

每到早晚高峰,我都会在学校门口看到穿着一身绿军装的老张在马路上指挥交通。刚开始的时候,满大街的车辆和行人都不愿意理他——大家都以为老张只是一个神经错乱的老人,对着他指指点点,甚至是破口大骂。可是老张从来不惧怕人们的眼光和嘲讽。站在学校门前的他真像一个退伍的老兵似的,手上的红旗是他的枪,身边的"老破驴"就是他的马,他永远坚定不移地守在车水马龙的道路中央,用自己的身体挡住穿梭不停的车辆,为上学和放学的孩子们让开一条安全的路。

然而,我们这些孩子当初看见老张时,却总像在看一个出洋相的小丑,常常忍不住当着他的面笑骂他。就连我们的父母长辈们也告诫我们:"那个天天出去指挥交通的张老头肯定脑子有问题,你们不要跟他打交道。"

退休后的老张志愿指挥交通的生涯,算一算也有十几年了。这十几年来,老张从来没有对别人解释过他这么做的原因。也许,年轻时就经历了妻离子散的他早就学会了跟自己的五脏六腑交流。直到有一天,小镇的电视台记者慕名而来,他才面对着摄影机，平静地说出了自己的心声。

老张说："我做这些不是为了出名、出风头，我只是想在自己的有生之年为社会做一点力所能及的事情。我的确是年纪大了，但我还没有老。"

采访老张的电视节目播出了，老张的事迹也上了新闻和报纸。慢慢地，原本对老张充满怀疑甚至是敌意的人们都认可了他，大家终于不再把老张当作怪物，一些过往车辆的司机在遇到他时还会特地向他鸣笛致礼。

从当初被人们视作疯子，到现在获得了小镇上所有人的认可，老张始终还是那个老张。再有造访小镇的陌生人误解他，甚至嘲讽他时，他也照旧不会急着去剖白自己。只是这时候，全镇的人都会替他解释清楚、为他捍卫尊严。

被人误解很正常，毕竟人心隔肚皮，心不同，想法就不可能永远一模一样。遭遇误解时，若你受伤不严重，不妨先一笑而过，只要你相信自己的选择正确，就只管继续走下去，时间自会帮你正名。

周小姐是一位资深白领。她毕业于国外名牌大学，年纪轻轻就业绩不俗、能力出众，浑身上下都透着一股职场精英的精明干练。自从回国后跳槽到A公司，周小姐就迅速熟悉了自己岗位上的所有相关业务。刚入职一个多月，周小姐就为公司签下了两份"久攻不下"的大合同。老板一高兴，干脆破格提拔她当了副总。甚至有传闻说，老板还给了她不少股份。这一下，初来乍到就深得老板器重的周小姐立刻成了公司舆论的焦点。

老员工们愤愤不平:"我在公司这么多年,没有功劳也有苦劳,凭什么她一个刚来公司的人就能捞到这么多好处?"

新员工们心里嘀咕:"周小姐一个女流之辈真的能有这么强的工作能力吗?她升职加薪的真正秘诀到底是什么呢?"

好事者们直接开始编排:"你们不知道吗?别看周小姐平时挺光鲜亮丽的,背地里都是靠男人上位的。她那两份合同也指不定是靠什么下三烂的方法签到的呢!说白了她还是靠脸吃饭的,要不然咱们公司人才这么多,怎么可能轮到年纪轻轻的周小姐当副总?"

反正传谣不用上税,交换一下上司们的流言蜚语,还能增进同事之间的感情。很快,有关周小姐的流言就在公司上下传得满天飞。后来,周小姐自己也发现,不知从什么时候开始,公司同事们看她的眼神都变得意味深长了。她不知道一直醉心于事业的自己做错了什么。后来,不堪忍受身边尴尬空气的周小姐终于辗转从一个女下属口中问出了大家对她改变态度的原因,也问出了那个谣言的内容。

全部"招供"了的女下属小心翼翼地问她:"周总,您真的……没在跟老板谈恋爱吗?"

周小姐一听,更加气愤了:"当然没有!"

打发了下属之后,周小姐坐在办公室里陷入沉思。毕业以来,她一直认真工作生活,从未把心思用在别处,也从不会给别人留下话柄。周小姐本以为自己已经做到了无懈可击,可谁承想,误解和谣言还是防不胜防。

周小姐觉得自己很委屈。她很想跟公司里的人们澄清事实,却不知道这种事情该从何说起。她又想抓到第一个造谣的人跟她当面对质,可是这也不现实。此后的好几天,有苦难言的周小姐都过得郁郁寡欢。她甚至觉得公司里每一个人的眼睛都在盯着她,每一个人的交头接耳都是在谈论她。不善处理人际是非的她很快陷入了极大的痛苦当中,连日常工作都没办法正常进行了。

后来,不堪其扰的周小姐终于找老板递交了辞呈,逃离了公司。周小姐一走,公司里的舆论着实安息了一阵子。可是谁都知道,过不了多久,这股舆论的风又会找到新的风眼,再度卷土而来。

造谣者们在乎的并不是事实的真相,他们想要的只是一个想象。所以,生活中的很多误解都不必费力解释。一是因为清者自清,无须多言;二是因为人心本好闲事,是非对错反而成了次要。既然能被人误解,就说明别人还是不够了解你。心有隔阂,失去了也不必可惜。

谁的背后都曾受过谣言和误解的冷箭。有人的地方就有是是非非,你若问心无愧,就无须刻意理会。所谓成熟,不是学会舌战群雄的口才;而是学会沉默,学会在这浮躁的世界里不争不言、不动声色地过自己的生活。

真正懂你的人永远用不着你费力解释,而那些不懂你的人,就像是一群故意假寐的人,哪怕你给他们解释了千遍万遍,最后也只是浪费了自己的时间。

　　不解释不是懦弱，而是一种坦然又自信的生活态度。只要你相信自己的每一步都行得端、走得正，那就用行动来代替辩解吧！到最后，你那无人比肩的实力和成绩必将为你呈上最有力的证言。

　　遭遇误解和流言的中伤时，不需争也不必怨。请你把所有的因果都交给时间，只要信念足够坚定，今天的痛而不言，终将成为明天的一笑而过。

今天，
你成为加害者了吗

想起高中时代的一个女同学，名叫阿双。

阿双是农村考出来的孩子，样貌有点土，身材特别胖，得穿最大号的校服。阿双住校，那个年代的高中宿舍基础设施还不算太好，没有浴池、很难打到热水，住校生想要洗澡只能去校外的公共浴池。我的父母当时原本想让我住校锻炼，最后因设施实在太差，我只住了不到半个月便回了家。而阿双的家在几十里外的农村，除了住校，她别无选择。

不知是不是因为高中的课业太忙，阿双似乎总是一副不修边幅的样子。高中时代，女生们的爱美天性初露，即便是一件普通的运动校服也要改裤脚、改腰身，穿出个性才行。对比之下，阿双的打扮就显得过于朴素了——四季不变的宽大校服，里面或是夏天的大黄色运动衫，或是冬天的花色农村风毛衣。校服前胸上时不时沾着食堂辣椒油洇出来的红渍，袖口附近还有一片长期趴在桌子上染上的黄灰色。好在当时的校服裤子是深紫色的，即使脏了，不仔细瞧也看不出来有什么污渍。

后来，不知是从哪个人的口中先说出来：阿双的身上臭。

紧接着,全班的人都开始说:唔,阿双的身上臭。

再然后,这句话就像一句魔咒一般,迅速传遍了整层楼的所有班级。于是,所有认识阿双的人都开始心照不宣地认为:阿双身上臭,阿双不讲卫生,阿双不宜接触。

于是,越来越多有关阿双的"猛料"出现在我们的口口相传里。她的室友说她特别不爱洗澡,每天甚至连脸都不洗就上课;她的同桌说她身上真的有一股奇怪的味道,一闻到就让人头晕恶心;甚至还有自称她同乡的人信誓旦旦地说,阿双其实已经二十多岁了,以前还堕过胎。后来,讽刺阿双成了一种公认的"正确",从之前的偷偷低语嘲讽变成明目张胆地笑骂。一些好事的男生女生甚至会故意走到阿双面前,或者趁着她走开时随手抄起她的东西凑近去闻,再用手指捏起鼻子,大喊一声:"啧啧啧!真臭!"

有一次,阿双在上课时趴在桌子上睡着了。数学老师有点生气,有意把讲课用的随身喇叭摆在她的桌子上,想要叫醒她。喇叭传出来的声音非常大,在那一节课上,我们都等着看阿双被喇叭声惊醒之后闹笑话,可是,直到下课铃响,她也没有醒过来。又过了两节课,大家发现阿双还是没有苏醒过来的迹象,赶紧去找班主任和医务老师。班主任终于来了,他捏着自己的鼻子,强行把阿双扶起来,发现她的身下压着一封写好的遗书,旁边还有整整一板吃空了的感冒药!

幸好,"温柔"的感冒药没有夺取阿双的生命,只是让她昏天黑地地睡了两天两夜。从那以后,或许是因为见识了流言对人的危害,或许是因为高考即将来临,班上终于没有人再明目张胆地嘲讽阿双,可是阿双却爱上了睡觉。后来,即使到了高考冲刺的时候,阿双也经常不分昼夜地趴在桌子上睡觉,雷打不醒。而老师们居然也都不约而同地默许了她,直到毕业。

我一直在反思,当初阿双被全班同学霸凌的时候,任课老师、班主任、同学们,还有我,究竟都扮演了什么角色?第一个说出"阿双臭"的人和那些故意造谣阿双的人自然应该受到谴责,可是,那些人云亦云的同学们、捏紧了鼻子的老师们,还有虽然同情阿双却最终什么都没有做的我,不也同样应该反省吗?

我自己也曾经是校园暴力的受害者。

初中时,我很胖,还留着一头乱蓬蓬的短发,再加上还没有完全发育,我经常会被别人误认为是男生。我乘坐的校车上有一群好事的男生,每天放学时在校车里故意开我的玩笑。他们每次都会坐在校车的最后排,等乘车的同学大都下车之后,他们就朝我的头上和身上扔空矿泉水瓶、扔写满脏话的桌布、扔校服,或者故作正式地走到我身边,问我:"你究竟是男的还是女的呀?"

每天放学后,从学校到家里的二十多分钟车程都是我的噩梦。我只能寄希望于那些坏人当天找到了别的乐子,不要再来骚扰我。每一次被欺负的时候,校车上都有认识我和我父母的司机、有跟我住在同一小区的几个同学,甚至还有一位学校里的老师。可是,他们谁都没有帮助过我,一次也没有。后来,我终于忍受不了日复一日的提心吊胆，把我被霸凌的事情告诉了父亲。我本以为一向严厉得近乎无情的父亲又会斥责我的懦弱，可是他却什么也没说。从那以后，他开始每天开车接送我上下学，直到我初中毕业。

如今，初中时代已成为遥远的记忆，如果你问我现在还恨不恨那些施暴者，我还是会说：我恨，我非常恨！

在对是非黑白懵懂不分的年少时代，或许并非所有人都当过校园暴力的受害者，但是，每个人却都有可能成为校园暴力的加害者。无论是因为被群体裹挟，还是因为某种诡秘的心理而有意为之，在面对受害者的求助时，茫然无视同样是一种残忍的加害。

离我们很近的不仅有校园暴力，还有从古至今从来不缺"热搜"的家庭暴力。

某演员曾因为对自己儿子的精神冷暴力而上了热搜。在一档亲子节目上，该演员对待儿子的态度仿佛是军训教官对待士兵：儿子叠衣服没按照他的方法叠要被他骂；儿子没有选择父亲喜欢的房间要被他讽刺；儿子在高原上走得比父亲慢了点，就要被他干脆利落地罚跑圈，以此来"振作精神"。

早些年，该演员在采访中提到，自己从小就是被父亲打大的，父亲打他的时候甚至打断了一把木椅子。在那次采访中，他颇为介怀地感叹说：父亲当初打自己的方式，放到现在都能上法院告他。可是，等到他自己做父亲时，他却在不知不觉中也成了自己父亲那样的加害者。虽然他没有,至少在节目里还没有公然殴打过儿子,但是他对儿子的精神暴力,何尝不是同样残忍的伤害呢?

生活中有太多这样的事情。然而,当我们深究起来时会发现:不少罪大恶极的人在法庭申诉时都会提到自己在社会上所受的伤害,不少对子女施加暴力的父母们会强调自己在童年时也曾经历过不可磨灭的伤害,不少校园暴力、职场暴力、社会暴力的加害者,似乎在过往中也都有各自难以言表的累累伤痕……但是,曾经受过伤并不代表在无可推卸的罪恶面前可以保持无辜。曾经身为受害者的悲痛经历,也并不代表可以带着"我是受害者,社会亏欠我"的心态转而向别人施展报复。

在我个人看来,受害者诚然很可怜,但是那些后来变成加害者的受害者无论出于何种原因,永远也难辞其咎。因为,当他们像曾经霸凌自己的恶人一样对无辜者施虐的时候,他们也成了同样的恶人。

在面对他人的暴行时,如果旁观者原本可以为受害者提供帮助,却最终出于各种原因什么也没做,那么这样的行为同样属于一种加害。如果连旁观者都甘心做了看客,那么受害者还有什么希望可言呢?

《论语》中说:"吾日三省吾身:为人谋而不忠乎?与朋友交而不信乎?传不习乎?"

我倒觉得,在现代社会,我们真的很有必要再多"省"一

"省",好好问问自己,自己真的天然无公害吗?自己真的没有在有意或无意当中伤害过别人吗?

最后,套用一句歌词:每天睡前第一句,先问一问自己,今天,你成为加害者了吗?

part **05**

真正的成功，
　是活成不被生活绑架的自己

我们总是拼尽全力，
想活成大家所共同认可的样子，
以为那样才是最有价值、最完美的人生。
但其实，
真正的成功，
或许只是活成不被生活绑架的自己。

你若想开，
清风自来

吃过晚饭，我正百无聊赖地瘫在沙发里玩手机，忽然发现高中时的死党大春刚刚更新了一条朋友圈：热烈庆祝我人生第一次被"梁上客"光顾，家里被盗财物合计4万元。

大春发朋友圈的语气一如既往地诙谐幽默，我这个旁观者却看得心惊肉跳。一个电话打过去，我就忍不住"连珠炮"似的问起来："大春，你家里被偷了？你自己有没有受伤啊？报警了没有？小偷抓着了吗？"

大春耐心听完我的一大堆问题，然后才慢条斯理地回答："我前几天一直在外地出差，今天晚上才回家。我刚打开家门，就发现家里被人翻得乱七八糟的，我人倒是没事，只是小偷早就跑了。"

大春自从毕业以后，平时只靠写作和画插画为生，挣点钱不容易。就算他不吃不喝，这4万元也够他攒个一年半载的。

我有些心疼地说："大春，咱们这么多年的朋友了，你有什么需要帮忙的，就直接跟我说，别不好意思！"

大春在电话里哈哈大笑，说："正好，我现在就有事找你呢！明天叫上我们几个朋友一起出去吃饭庆祝一下吧。"

我听得一愣，以为他被气糊涂了："你都被偷了，还有什么好庆祝的呀？"

"当然要庆祝了！"

"为什么呀？"

大春说："你看啊，第一，我虽然损失了不少财物，可对我来说最宝贵的书稿和画稿都安然无恙，小偷偷走的只是我的存款，而不是我的饭碗，这难道不该庆祝吗？第二，我只是丢了一点钱财，没有受到身体上的伤害，在坏事面前及时止损，这难道不该庆祝吗？第三，我明明只是一个一穷二白的大学生，居然能得到小偷先生的'青睐'，四舍五入一下，我也算是有半只脚跨进成功人士的圈子里了，这难道不该庆祝吗？"

我哑口无言，隐约感觉头顶有一串乌鸦飞过。

"所以，明天晚上大家一起去吃火锅吧，我请客！"

"可是……你真的一点都不觉得难过吗？"

大春在电话里笑了一下，云淡风轻地说："丢了东西，不开心肯定是难免的。但我仔细盘算一下，就觉得其实也没什么想不开的。幸好这只不过是糟糕的一天，不是糟糕的一辈子。"

我在一份英文报纸上曾看到过这样一则报道。

怀特一家住在美国加利福尼亚州的一座偏僻小镇上，日子过得朴素又平凡。在一个雷雨交加的夜晚，怀特家的房子突然被雷电击中，燃起了大火。怀特匆忙叫醒睡梦中的家人，全家六口人费了九牛二虎之力才逃出火场,幸好没人受伤。可是因为火势太猛,家里可用的人手又太少,最后,怀特和家人只能眼睁睁地看着自家的房子在火苗肆无忌惮的舔舐中渐渐化为一副残骨。

我相信,绝大部分人若是遇上这样的倒霉事,肯定得急火攻心地气晕过去。可是怀特一家看到救火无望之后,索性就不救火了,而是跟逛景点似的,直接在烧着的房子前面照了一张全家福。

在这张全家福当中,怀特一家人的身后就是冲天的火蛇和烧剩的断壁残垣,可他们的脸上没有一点愁容,反而笑得特别开心。后来,这张照片在中国的网络上红极一时,怀特一家也被网友们评为"在灾难面前最从容的一家人"。

人生的道路注定是荆棘与坦途并存。人活一世,谁都难免会在某天跟灾难不期而遇,哪怕把护身符戴满全身也跑不了。

也许我们没有办法规避灾难,但是我们可以改变对灾难的看法,勇敢地迎接它,总好过一打照面就缴械投降、哭哭啼啼。

苦难从来不会"空手而来"。等你咬牙闯过了当下的难关,战胜了苦难,你就会发现:在不知不觉间,自己的能力和HP(生命值)都有了巨大的提升,那就是苦难给你的馈赠。

日子一定不会像你幻想的那么美好,但也不会像你担忧的那么糟糕。无论日子是好是坏,早晚都会过去,新的一天一定会到来。

做好自己该做的事,以一颗恬淡闲适的心,漫看人生云卷云舒。若是生活乌云密布,就小酌两盏,安之若素;若是生活多云转晴,就折花做伴,岁月静好。

除了人生必经的苦难，生活中还有许多令我们如芒在背、如鲠在喉的时刻。年轻时的我们总喜欢跟自己较劲：有些事明明看开了，却总是不忍心放下；有些人明明看清了，却总是舍不得放手。我们近乎执拗地坚持着、幻想着，非要在"牛角尖"里找到一个答案不可。直到这份"固执"在心尖上生出了芒刺，我们才第一次在撞碎了的南墙根下学会了心疼。

后来，渐渐长大的我们开始怨恨起这些"芒刺"，恨不能将它们连根拔起、完全抹杀，重新变回当初完美无瑕的自己。可是每根"芒刺"的背后都有一个故事，故事的结局无论是一败涂地，还是相思无题，总归都是岁月留给我们的一段铭记。

心灵的慈悲就在于生命的丰盈。心中若有芒刺，拔不掉就不要拔了。也许日后还会觉得它们看着碍眼，可是人生不再来，我们总要学着看开一点。

不对胃口的饭菜就不要再吃了，不合尺码的衣服就不要再穿了，不喜欢的人就不要再强迫自己迎合了。不要把时间一直花在追忆过去的路上，那些已经离我们远去的，让我们执着过、遗憾过的人和事，既然无法从头来过，就别继续搁在心里了。离开了的，都将是风景；能留下的，才会是人生。

繁华三千、沧海桑田，你若心胸不改，自可从容洒脱、气定神闲。你若看开，烟雨不怪；你若看开，清风自来。

人生的秘诀在于
寻找一个最适合自己的速度

这年头,似乎干什么事都要提速。网上买张火车票要拼命抢"极速包",报个兴趣班要优先找"15天速成",下载个软件要推荐你用VIP加速器,就连我家小区门口的快餐店,为了揽客都贴出了"5分钟内保证上餐、半小时内全城送餐"的招牌。

某天吃完晚饭,出门遛弯的时候,转头碰见了同事兼好友"急匆匆"小姐。国庆假期还没结束呢,她就一副急匆匆的样子,一溜烟似的从我身边走了过去,看她那健步如飞的速度,不知道的还以为她身后跟着一个追债的呢。

我决定帮一帮那个隐形的"讨债人",于是一嗓子喊住了"急匆匆"小姐。"急匆匆"小姐一个猛回头,这才瞧见了我。

我说:"你上哪儿去啊,这么着急!"

"急匆匆"小姐吐字就像机关枪:"不能不着急呀!我告诉你啊小周,前几天我有个练健身的朋友给我介绍了一个加强版的一周减肥法,每天断食加竞走,据说特别有效,一周就能瘦下来至少10斤。这不,我正练着呢!"

我羡慕地打量了一下满身是汗的"急匆匆"小姐:"那你瘦

了多少斤呀?"

"急匆匆"小姐苦苦地说:"不知道啊,反正我都三天没吃饭了。"

我一听,激动得眼泪都快下来了,恨不得拽着她赶紧去附近饭店搓一顿好的。这都什么年代了,我身边居然还有吃不上饭的同志呢!

我忍不住劝她:"这么饿着对身体肯定不好。其实你也不用那么着急瘦下来,只要平时注意少吃多锻炼,早晚都能瘦。"

"急匆匆"小姐白了我一眼:"你懂什么!我跟你讲啊,21世纪什么最珍贵?时间!够快才有效率、有价值,减肥这事儿也一样。"

眼见"急匆匆"小姐的决心已下,我只好郑重地拍了拍她的肩膀,然后往她手里塞了一张外卖卡片:"你要是饿极了就给这家饭店打电话。老板说了,全城任何地方,半小时内保证送达。"

生活在这个高速时代的我们似乎越来越害怕落后。于是,我们拼了命地寻找捷径,处处想要捷足先登、快人一步。

可是,仔细想想,生活的乐趣不就是在解决问题的过程当中吗?如果真的有一个小天使围着你,成天为你指路:"喏,正确答案是这个,捷径就在这里……"时间长了,只怕我们反而会觉得无聊吧。

国庆节过去,我再见到"急匆匆"小姐时,发现她的脚步突然慢了下来,整个人像终于还完了祖传的欠债似的,松快了不少。

我问她："哟，太阳打西边出来啦？一向自诩为非职业竞走运动员的您怎么突然不着急了呢？"

"急匆匆"小姐淡淡地回我一句："吃包子吃的。"

我一愣，细问才知，她这突然转性的契机，还真是吃包子带来的。

"急匆匆"小姐上班通勤的路上需要经过一条小吃街。以往上下班的时候，效率第一的她总是目不斜视地走过街道。可在国庆节的一天，她偶然走到这里，才恍然发现街道两旁的好多店铺都已人去房空了。

"急匆匆"小姐这才想起来，这条小吃街过几天就要被拆掉盖楼了。她踩在碎而硬的沙石瓦砾上，一边慢慢地走，一边感受着冬日独有的寂寞和寒意。忽然，她在那片等待拆迁的废墟尽头看到了一道显眼的灯光，老式白炽灯的暖色柔软地铺在地上，似在为她指路。她循着光走过去，发现那光源是一间包子铺。

"急匆匆"小姐走进店里，询问店老板是否还营业，老板抬头看了看墙上的老挂钟，说："营业，离关店还有半个点儿！"

"急匆匆"小姐坐了下来，点了一笼蟹黄包子，老板很快端上来，一边看着她吃，一边热乎乎地絮叨："咱家的包子好吃吧？我跟你说，我这手艺是年轻的时候跟正宗天津狗不理的传人学来的，后来我自己还做了点儿改良。我敢说，咱家做出来的包子，味道绝对不比天津卫的狗不理差多少！"

"急匆匆"小姐夹起一个包子一尝，味道果然又鲜又甜，好吃得不得了。她三下五除二吃完了包子，走到柜台前结账："您的包子做得这么好吃，一天下来肯定能卖出去不少吧！小吃街拆迁之后，您准备再到哪儿开店？您的店里有没有广告传单或小卡片之类的给我一张，以后上班再订外卖我就只认你们家了！"

老板听完"急匆匆"小姐的"连珠炮"，憨笑道："咱家不做外卖，我一天最多只包30屉包子，在店里就能卖完了。"

"为什么不多包点儿呢，只在店里卖挣钱多慢呀，人手不够可以请嘛！"

老板笑了："不是钱的事，我就是不想那么急着过日子。你知道咱们家包子好吃的秘诀是什么吗？就是慢！咱们家一天最多只包30屉包子，数量是少，可只有这样，我才能有工夫做好馅儿、擀好皮儿，看好每一屉包子的火候。慢功夫做出来的包子才有那老字号的正宗味儿！"

讲完这个包子的故事，"急匆匆"小姐跟我说："以前我总觉得不管做什么事情都应该越快越好。现在我才知道，快和慢不是褒贬词，每件事都有它自己的速度，快有快的潇洒，慢有慢的好处。"

学习和工作时的确应该在保证质量的前提下追求效率，可是生活却不是一场争分夺秒的赛跑，而是一次旅行，我们要懂得好好欣赏沿途的每一段风景。在生活中，唯有慢一点才能心静，唯有慢下来，才能不为外事所扰、不为旁人所迁，专心致志地去过自己喜欢的日子。当生活慢到有了深度时，便会成为一种境界。

这种境界就是"采菊东篱下，悠然见南山"。

在我们尚未被时代的洪流裹挟、我们的生活尚未被安上加速器的那个年代，曾经流行过这么一句话："人生最重要的不是结果，而是过程。"

不知从什么时候开始，这句话渐渐变成了："人生最重要的是结果，至于过程如何，可以忽略不计。"

于是，我们每个人都迅速蜕变为"急匆匆"小姐，为了尽快收获一个漂亮结果，费了心，拼了命，甚至不择手段地伤害别人跟自己。我们拼命地向前方奔跑，可是我们的内心不确定终点到底在哪里。我们总是在奋力超越一些人，也总在被一些人超越，我们沉迷于这种你追我赶的竞争当中，流连于虚拟数字的对比当中，获得了短暂快感的同时，却也渐渐迷失了最初的自己。

人生的秘诀，不是简单的求速或者拖延，而是寻找一个最适合自己的速度。只有这样，我们才不会因疾进而不堪重荷，也不会因迟缓而虚度光阴。

懂得把同样的时间打理得更加高效的人，无疑是智慧的。可是享受慢生活，更加需要一种心境。只有拥有一颗不加计算、洗尽铅华的心的人，才能淡然坐看人生云卷云舒，才能平和地回顾生活中走过的那些风和日丽与风雨兼程。

所以，还是让生活慢一点吧，慢一点也没什么不好。反正一生很长，时间还早。

生活唯一的答案，就是没有答案

他在日本生活了这么多年，早就没有刚出国时的兴奋了。

过年回国的时候，老家的亲戚朋友们一听说他在日本东京工作，还是公司的高级白领，立刻就会把话题的中心转移到他的身上。人们那种毫不掩饰的羡慕和赞美之情，每每都让他自豪不已。可是年节过去，等他坐上回日本的飞机，他的头脑会重新冷静下来——只有他自己知道，在距离公司不远的十几平方米的单身公寓里，自己过的究竟是什么样的生活。

日本人很喜欢加班，工作一忙起来，他就很少有时间去考虑到底是回老家还是继续留在东京生活。东京的繁华和数不胜数的机遇固然令人流连，可是故乡的稳定舒适却让他一直难以割舍。他今年30岁了，可他觉得有好多问题还是弄不明白，比如自己到底想去哪里，自己到底想过什么样的生活。

他觉得自己的身体里住着两个人：一个人守着他的白天，为他鼓起满腔鸿鹄之志，即便与世界斗得遍体鳞伤，也能很快爬起来再度摩拳擦掌。可是等到夜深时，那个候在深夜的小人又会跳出来，放大他的寂寞和迷茫。

能够勇敢追逐梦想的人真的很了不起。曾经,年轻意满的他以为自己终将会成为他们中的一员,只是他努力了这么多年,却依旧没有找到终点。

他在网上跟我聊天:"阿檀,最近我看了很多文章,也听了很多人的建议。有些人赞美平凡,劝我早些回老家过日子;有些人崇尚竞争,鼓励我继续留在东京生活。你说,我应该怎么做呢?"

我回复他:"不必让别人的三言两语扰乱了你的心声,追随你自己的心,只要你过得快乐就好了。"

生活就像一座巨大的迷宫,我们该何去何从,该原地休息,还是继续向前,从来都不是那么容易决定的。

别把人生过得那么严肃,它不是一场非对即错的考试。它没有排名榜单,更没有普适性的标准答案。如果非要给它下一个定义,那么,那个"既不会消磨你的激情,又不会压榨你的创造力,能够让你觉得全身心都轻松愉快"的人生之旅,就是最适合你的生活。

大学的时候,阿助最不喜欢交际,可是毕业后他最终选择成为一名公关经理,令所有人都大跌眼镜。

大学时的阿助一直不知道自己想成为什么样的人。于是,毕业后他尝试了许多不同种类的工作,他做过小说笔译、进过国企、卖过保险、当过个体户、做过设计,还自费出过一张自己的歌曲专辑……用阿助自己的话来说,三百六十行,他这几年怎么也尝试过将近一半了。他在各种选择里兜转了一圈，最后才选了今天的这份工作。他说，他现在过得很快乐。

我点点头说："我相信你现在的快乐是真的。这一点，从你身上的改变就能看得出来。"

我还记得，大学时的阿助每天不愿意早起，如果不是有闹钟，他甚至能一觉睡到中午才起来。为了赶早上的第一节课，他常常连洗漱、穿衣都来不及，经常蓬头垢面、趿拉着一双拖鞋进教室。可是现在的他却能为了谈好一单生意，凌晨4点就从床上爬起来，然后按部就班地洗漱、吃早饭、穿搭西装、喷香水，以最得体的状态去赶早上6点的国际航班。这样的生活，我以为太过忙碌，可他却早已习惯，甚至乐在其中。

阿助说："其实，现在我依然不太确定自己到底想成为什么样的人。可是，我始终都很清楚自己不想成为什么样的人、不想过什么样的生活。"

发给我这条信息时，阿助刚刚下了飞机。他来不及欣赏大洋彼岸的异国风情，又马上坐上公司的专车，争分夺秒地赶赴美国分公司。

我给他发信息："你有没有想过，你现在的选择也可能不是最适合你的生活，也许你还没有找到你想要的人生，也许你还应该继续尝试呢？"

因为工作和时差的关系，那天过了很久，我才收到阿助的回复，他说："生活是没有正确答案的，生活只有错误答案。如果有一天我做完了这世上所有我不想做的事情，我就已经找到自己的理想了。"

也许,这个世界上根本没有真命题,所有的命题都只能拿来被证伪。被证明是错误的命题就被淘汰掉,如此经历下去,剩下的就是属于我们自己的真实。

读书写作、看电影、去旅行是一种消遣娱乐,逛街购物、唱歌跳舞也是一种娱乐,没有谁比谁更高级;广厦豪车、西装革履是一种生活,修篱种菊、戴月荷锄也是一种生活,没有谁比谁更高贵。

我们总是拼尽全力,想活成大家普遍认可的样子,以为那样才是最有价值、最完美的人生。但其实,真正的成功,或许只是活成不被生活绑架的自己。

这个世界有千千万万的人,便有千千万万种活法。有的人胸有宏图、立志指点江山,有的人只求拥有小小的幸福、夏有西瓜冬有雪,二者并没有高低之分,也没有对错之别。不要用自己的视角去苛责、否定别人的人生选择,如果相互理解太难,那就先试着学会尊重、学会缄默。

愿你永远保持内心的平和与安宁,无论人生平凡稳定,还是开出一世繁华。

心有书香
不寂寞

在这个快节奏的社会里,周围很多人都在不停地奔波忙碌,生怕自己的脚步一旦慢下来,就会错过很多机会。很少有人能静下心来重新思考,倾听自己内心的声音。焦虑几乎成了所有人的常态。

我在生活中遇到的大部分人都心情浮躁,他们宁可玩手机、打游戏、搓麻将,在酒桌上、歌厅里豪言狂语侃大山,也不愿意花时间独处。在这个娱乐至死的时代,"清高"渐渐转变为一个贬义词,"独处"也被人视为不合群。正因如此,心灵的独处才更显得弥足珍贵。

对我而言,没有什么比与书籍为伴更适合的独处方式了。

有一段时间,我的生活不是很顺心,工作和生活中的麻烦事接踵而至,一时烦得我手足无措。那时候,我终日心情郁闷、点火就着,看见什么都觉得不顺眼,仿佛连空气都在跟我作对。最难熬的是晚上。下班后,一个人面对着空空荡荡的公寓,难免会想起自己的孤独无依,忍不住开始伤春悲秋。

一天,我在图书馆里无意间翻到了一本厚厚的《西方哲学史》,便把它接回了家。我原本只是想拿它打发晚上的时间,可没想到,它却带着我从此走进了一个充满智者和哲思的全新世界。

我就此爱上了与书为伴的时间。那种感觉,就像是一个在沙漠中行走的无助者突然找到了水源一样,不单是激动,更是重获了新生。

在孤独的深夜里,我泡上一壶咖啡,满怀兴奋地翻开书页,以书为媒,与作者们倾心交流,安静地聆听他们的故事、他们的感情,他们的人生、他们的思想在潜移默化中影响和改变了我,也慢慢抚平了我原本浮躁不安的心性。

度过那段难熬的日子,每当下班回家之后,我都会特地为自己留出一段独处的时间。在这段时间里,我不管工作,关掉手机,只留下我与书在这片世界里。我坐在台灯下,在橙黄灯光的包围里耐心地体会书的呼吸。置身于书中时,我的心头溢满了一种难以描述的温暖和充盈。此时此刻,白天里的一切喧嚣争斗都与我无关,我只属于我面前的书本和手中的这支铅笔。

只有在与书为伴时,独处才不会空虚寂寞。我完全投入书中的描绘里,在书中人物的盛情邀请下,与他们同悲喜、共患难。我深陷书中的世界,甚至把自己投影于书中的世界——我是哈姆雷特与雷欧提斯决斗时的旁观者,方达生向陈白露求婚时我也在场;我在坦然的苏格拉底被希腊城邦的公民大会判处死刑时为他传递了毒酒;我也在勤勉的孙少安创业成功时,高兴地与他彻夜狂歌……

我时常自问：如果这世上没有书籍，我的生活会变成什么样？我无法想象那将是怎样的场景。大概就像一个人被抽干了灵魂，即使活着，心也已经死了。

每当夜深人静时，我都会在书的海洋里流连忘返、寝食不知……这时候，只有母亲的呼唤声才能把我从书中拉回现实。

自从在独处时有了书的陪伴，在外漂泊时，我再也不会因为孤独而感到手足无措。每当踌躇不安或是心生迷惑时，我就会想办法请一个假，或是找一段独处的时间，找一个安静少人的地方，翻开随身携带的书本，向作者们咨询建议，从书中的故事里获得启示、汲取力量，修正自己的生活态度。

慢慢地，我越来越喜欢这种能够刻意享受孤独的时光。没有任何人、任何事打扰，在这喧嚣的世界中，能享有内心的片刻安宁，静静地坐在桌前品味书香，这是多么温馨而难得的事！这就是红尘间的世外桃源。

我真的感谢那些独处的时光，让我有时间徜徉在书的海洋，我也真的感谢书中的那些文字，是它们照亮了我的心灵，丰盈了我的精神世界，使我从此变得豁达坚强、乐观从容。这么多年，虽然我看过的书有一些已经忘记了，但我知道：那些书的精髓已经在不知不觉中融入我的血液当中，镌刻在我的生命里，体现在我的思想和言行的一点一滴上。读书也许不会让人富裕，但它会使一个人在精神上变得充实和富有，让人成为一个有情趣、会思考的人，即使是平淡的生活也会过得有滋有味。

胸藏文墨虚若谷，腹有诗书气自华。有的人，虽然身处热闹的人群当中，但他的心里孤独冷清，因为身边没有真正理解他的人。而有的人即使孤单一人，也依旧不觉得寂寞，因为他的精神世界很丰富，他的内心很安宁。这就是书的力量，它能让人明白：人的一生除了去追逐虚华的名利富贵，也可以向往朴素安静。只要踏实做人做事，便可无愧于心。

与好书相伴，相当于与许多睿智的人做朋友，这是人生莫大的幸事。能在独处的时光里选择书的人，他的眼里一定会有浓郁的诗意，他的心里一定会藏有浩瀚的星空。

放轻松，
其实你没那么多观众

我的高中同学小白是一个传奇人物。

小白是年级实验班的班长，也是学校里斩获校第一次数最多的"清北"种子选手之一。小白是许多人梦想超越的目标，他自己也很清楚这一点。为了对得起实验班班长这个位置，小白要求自己的成绩必须时刻保持在年级前十名以内。在班级工作、社团活动、体育锻炼、业余爱好等各方面，他也要求自己必须做到无可挑剔。小白说："我不能给别人留话柄。"

小白是我的朋友，也是高中时代许多同学争相结交的对象。为了维护自己温厚优秀的形象，他总是特别照顾身边的朋友。与人交往时，他常常把对方的每一点情绪波动都看在眼里，细心记录着每一个人的喜好和习惯。只要有人向他求助，小白就会热心施予援手。即使有时候自己会稍稍吃亏，他也毫不在意。小白说："我不能让别人说我自私自利。"

小白是他家里人的骄傲，也是许多亲友们暗中比较的标杆。为了保持自己卓尔不群的成绩，他总是拼了命地学习。他的努力也帮助他打破了学校里的很多纪录——蝉联一等奖学金获得者、连续两年被评为全市三好学生、斩获全部科目的单科状元……小白说:"我不能让亲戚们看笑话。"

　　高中三年,德智体美劳五项技能全部点满的小白一直是被周围人交口称赞的"别人家的孩子"。高考时,小白也再度延续了传奇,以全市第二名的好成绩考入北京大学光华管理学院。对于小白取得的成绩,我们毫不意外。我们一直认为,早早就"会当凌绝顶,一览众山小"的他肯定过得很轻松、很快乐。可是在毕业聚会的时候,微醺的小白意味深长地跟我说:"阿檀,你知道吗?其实我一点都不喜欢现在的生活。我的每一天都过得特别辛苦,可是我没办法休息,我必须继续努力下去。因为周围还有那么多人看着我,把我当成榜样呢!我不能让他们失望啊!"

　　我还记得,自己看着小白那张清秀的脸上浮现出一抹不符合年龄的沧桑一笑,心里百感交集。当时我似乎很想对他说些什么,可最终我还是选择了缄默。

　　毕业之后,我就再也没有了小白的消息。可是在很长一段时间里,我在夜深人静时总会想起他——高中时代的小白是不是也欣赏过这样黑的深夜呢?那时候的他有没有在凌晨前休息过呢?他有睡过一场不计攀比的好觉吗?

　　我不知道答案。

　　有时候,我也会思考:小白放弃了青春韶华的自由和快乐,选择绷紧神经、把自己束缚在别人的眼里,到底是为了什么呢?

　　我同样无法猜测出他心里的那个答案。

　　多年后,我偶尔和一些还有联系的高中同学提起小白,他们几乎都已经不记得身边曾经出现过这样一个优秀得百无挑剔的人。他们更加不记得，年少的自己曾经对那个人发自肺腑地顶礼膜拜过。

人们常常把那些屡战屡胜的成功者们称为"命运的宠儿"。他们潇洒光鲜地顶着光环、披着华服，理所当然地享受着世人的羡慕、赞美和掌声。可是在没人看到的另一面，他们却早已被名誉绑在了悬崖边上。

追逐名声的道路像一座独木桥，一旦开始行走，就渐渐失去了跌倒的自由。

我的母亲是一个温柔却阴郁的人，她的性格和她童年的经历有很大关系。母亲说，她的家庭本该是为人们所羡慕的模范家庭——父母都是大学毕业、工作体面，经济富足、吃穿不愁。而小时候的她也在父母的教导下成了一个品学兼优、懂事有礼的孩子。可是她的父母仍然不满足。他们要求她每次考试必须考第一名，不许有一次失误，否则就要受到严苛的惩罚。一旦她的成绩稍有退步，气急了的父母甚至会把她锁到书房里，要求她对着书架长跪不起，连饭也不许吃。

母亲半开玩笑地对我说，她的父母每次都会像说快板一样教训她，一说起来就一套一套的："你看别人家的孩子多优秀，你怎么就那么笨？别人家的孩子都做得到的事情，你怎么就做不到呢？你可真是丢人现眼啊，爸妈的脸都让你丢尽了，你让我们怎么去面对街坊们？你真是家门的耻辱！"

因为父母无休止的比较,母亲的童年和少年生活充满了黑暗。她的生活里没有失败,可是也没有欢笑,她不得不逼着自己活在别人的眼里,拼尽全力换取别人一句或真或假的赞许。否则,等待她的就是期望落空的父母潮水般的挖苦。母亲因此变得越来越胆小。因为恐惧失败,每到考试时她都会紧张到双手颤抖。她虽然强撑着精神熬过了寒窗苦读的十几年,可是最终,她还是在高考时因为紧张过度而发挥失常,与心仪的大学失之交臂。

母亲说:"当时我觉得很委屈。我明明已经尽全力了,可是我的父母还是视而不见。他们在意的永远只是别人怎么看我,而不是我自己怎么想。"

太在意别人眼光的人,往往就会无意识地忽视自己的感受。太强求自己为了别人的赞美和关注而活,就会逐渐迷失了自己。

许多人都以为"比较和竞争"能够激励自己进步,可是被人比较得、关注得多了,何尝不是一种无形的压力呢?每时每刻都背负着身边人或翘首期待或暗怀恶意的重担去追赶,你的旅途又能走得了多远?

身边不乏这样的抱怨:"做人太累。""生活太辛苦。""日子越过越觉得没有意思。"……

每每听到这样的声音,我就会想起庄子在《逍遥游》中提到的那个快乐沉静的帅哥宋荣子:"且举世誉之而不加劝,举世非之而不加沮。"庄子说:"宋荣子这个人啊,即使全世界的人都称赞他,他也并不因此而变得更加勤勉;即使身边所有的人都责难他,他也不会因此而变得心情沮丧。"

每次读《逍遥游》时,我仿佛都能从纸面上看见一位逍遥的智者平静而骄傲地跟一代又一代世人说:"我的喜悲我自己做主,你们爱说什么说什么。"

除了喜欢抱怨生活的人,我们也许曾遇到过这样一些人:他们总是乐观向上而又不乏冷静自省,他们总能在生活的风雨兼程中保持平和的内心。这并不是因为他们的人生不曾遇到难处,而是因为他们能够分清自我与外物的界限。在心中自留一片净土,便可在顺境中保持淡然,在逆境中亦不改泰然。

从来智者不悲喜,阅尽红尘守清闲。这就是人生的最高境界。

放轻松,其实你并没有那么多观众。除了那些爱你的人,你的好好坏坏真的没人会在意。相比别人家里的鸡毛蒜皮,人们更关注的还是自己的是非高低。

放轻松,其实你并没有那么多观众。你不必每天绷紧神经、拼命维持自己心目中的大好形象。因为真心爱你的人,不会因为你有缺点就选择离开;本就讨厌你的人,不会因为你极力打造的光鲜人设就停止挑剔。

放轻松,其实你并没有那么多观众。不要让别人的口水成了你的绊脚石。与其为了别人眼里的自己而戴上面具、维护人设,你还不如省省那表演的力气,多做点喜欢做的事情。

对自己好一些,觉得饿了就大口吃饭,觉得困了就好好睡觉,觉得累了就彻底放松一下,窝在沙发里抱着零食看电视,躲在暖和的被窝里开着壁灯看小说。成年人的世界里没有"容易"二字,在奋斗途中,我们应该学会心疼自己。

你违心合群的样子，
并不漂亮

小南高考发挥失常，很失落，本来一心想着复读一年再考，无奈，家里状况不允许，只好接受命运安排，去了一所极其普通的大学。

初到大学，小南暗下决心：这几年时间一定不能虚度，一定要好好学习，争取考研考到自己心仪的学校。

最初，为了更好地融入群体，与寝室同学搞好关系，每当课余时间，小南都陪大家一起玩一款最流行的游戏。小南想着先陪他们玩一段时间，再抽身退出。可是随着时间的推移，室友们越玩越身陷其中，有时玩到兴头，中午饭都顾不上吃。小南意识到不能再这样下去了，宝贵的时间不能每天这样荒废掉，是时候该退出了。于是小南找各种借口，不去参与玩游戏，慢慢地室友对他的做法感到不爽，关系越来越疏远了。

有一次小南刚上完自习，从图书馆抱着一摞书走出来，恰好被一个室友看见，室友很惊讶，酸溜溜地说："哎哟，真看不出来，咱寝室住着一个大学霸呢。"后来他竟然把这当成笑话讲给其他人听。从此室友们对小南的态度更加冷淡了，玩游戏时再也不找他，理由很简单：人家是大学霸、大学神，忙着呢，跟咱们不是一路人……于是小南每天一个人去上课，一个人去食堂，一个人去图书馆，彻底被室友们孤立了。小南对此感到很委屈：难道我做错了什么吗？

有一天，小南遇到一位大四的学长，他便把心中的困惑与学长谈起。学长说："当初我与你一样，为了搞好关系，融入群体，和室友一起没日没夜地打游戏，一起玩乐，因为害怕被孤立。转眼到了大三，我开始反思自己，觉得该考虑将来的路了。可是为了合群，使自己不被孤立，仍然一如既往地嬉戏玩乐，直到现在到了大四，想干什么都晚了。一晃四年的美好时光就这么荒废掉了，到如今一事无成。所以你不要走我的老路，为了迎合别人而委屈自己，为了陪伴别人而牺牲自己，没时间做自己喜欢的事、应该做的事。不要在意那些异样的目光、冷嘲热讽的言语，每个人都有选择自己生活的权利，每个人都有适合自己的人生道路。如果你有理想、有目标，那就抓紧一切时间努力学习，提升自己才是硬道理。"

听了学长一番语重心长的话，小南终于明白：不要太在意别人的看法，不必为了迎合别人做自己不喜欢的事，合群没有错，但要去合自己该去合的群、属于自己的群。合群，是去选择一双适合自己的鞋子，而不是削足适履，一味去迎合群体，放弃自己想做的事情。

于是，小南再也不会为室友的冷淡而纠结、烦恼，他专心致志地投入考研的复习中。最后小南终于以优异的成绩考上了自己心仪学校的研究生。

现在有很多年轻人死于"合群"。让你优秀的是独立,而不是无原则的合群。无原则的合群会让一个人陷入平庸的轮回里:委曲求全,迎合讨好他人,逼迫自己做不喜欢的事,最终失去自我,一事无成。

阿娟来自偏远的山村,十几岁从家乡出来进城打工。白天她在工厂的流水线上辛苦工作,不能有一丝马虎,连去厕所都要一溜小跑,而且时常为了赶工加班加点,深夜下班是常事。每天夜晚回到租住的宿舍里,浑身酸疼,像散了架一样。然而即使这样,阿娟也没有像其他工友那样,早早进入梦乡。她在忙完所有的杂事后,会在自己的床铺上写日记,记录自己一天的工作和生活。点点滴滴,日积月累,她写下很多文字。

阿娟从小就喜爱文学,虽然未读过几年书,生活条件也很艰苦,但她难以割舍心底对于文学的那份热爱,所以只要有空余时间,她就会见缝插针地写上几笔。她投过无数次稿,迎来的是无数次石沉大海,可是倔强的阿娟从来没有就此放弃。她在无数次的退稿中一次次地学习、一遍遍地改进,乐此不疲。

工友们节假日都会出去玩乐消遣,只有阿娟独自一人在昏暗的宿舍里埋头写作,近乎疯狂,近乎痴迷。进城好几年,她从未出去看过一场电影、去过一次公园,她打工挣的钱除了日常基本开销,大部分都寄回家供弟弟妹妹读书,剩下的全部用来买书、买写作用品,自己好几年都没添过一件新衣服,站在人面前,活脱脱一个"出土文物"。

工友们自然理解不了她：一个从山沟里出来的丑小鸭，哪天能摇身一变成为一只金凤凰？这不是白日做梦还能是啥？还不如现实一些。工友们交流的都是谁又买了什么化妆品，谁又换了一个什么牌的包包；要么讨论如何捣饬自己，不惜一切代价嫁个好老公，从此彻底离开农村那个破旧的小土屋……

只有阿娟一个人在一条看不到光亮的路上闷头努力着。工友们把她视作另类，认为她异想天开、不切实际、自讨苦吃。对此阿娟从不辩解，依旧默默坚持着，在一个又一个漆黑的夜晚，她用手电筒打着光，在被窝里不知疲倦地写着她的理想、她的梦。

功夫不负有心人，阿娟的文章终于在某杂志上发表了，她很兴奋，请工友们一起吃糖庆祝。工友们再也不轻视笑话阿娟了，从前那种鄙夷不屑的目光都变成了尊重。但是阿娟知道：自己的文学之路才刚刚起步，未来还有很长的路需要一个人继续走下去。她依然在工作之余勤奋写作，发表的作品越来越多。

工友们从当初的不理解变成了由衷的钦佩。后来厂里宣传部招聘人员，阿娟以自己的实力应聘成功，离开了流水线的工作，彻底完成了从丑小鸭到白天鹅的蜕变。

你一味地迁就别人，这不是合群，而是被平庸、同化。真正的合群，是内心明确自己的目标，知道自己想要做什么，并为之默默努力，直到最终实现理想，融入属于自己的群体。否则，宁愿独处也不要违心。和志向不同的人待在一起，会让自己身心疲怠。圈子不同，不必强融。

人生最美好的事，就是和一群志同道合的人在一起，倾尽自己的全力，共同做成一件事情。这种合群，才是最有意义的合群。

愿你坚持努力下去，找到一个适合自己的群体，把未来的人生过成自己想要的样子。

守得住自己的底线，
才能迎来别人的尊重

　　我的大学同学小米来自偏僻的农村，从小到大从未见识过外面的花花世界。幸运的是，贫苦的生活没有击垮这个好学的孩子，反而激发了她对知识的渴望。于是，无论冬夏寒暑，小米都废寝忘食地读书学习，终于以优异的成绩考上了我们这所大学。作为村子里有史以来走出去的第一个大学生，小米成了全村人的骄傲和希望。

　　新生报到那天，父母送子报到的私家车浩浩荡荡地占满了校园。小米一个人背着、拖着沉重的行李，以及从老家带来的地瓜干和腌菜，独自走在人来人往的林荫路上。大学四年里，说句实话，小米心里是有自卑感的，因为同寝室的人个个都比她家境好。周末和节假日时，她们可以一起去校园外的餐馆吃一顿大餐，可是小米一次都没敢去，因为室友们每次出去聚餐花的钱至少是她半个月的伙食费！

　　为了不让自己显得不合群，和室友保持良好关系，小米主动承包了寝室里几乎所有的脏活儿、累活儿，还主动帮助室友取快递、带午饭，风雨无阻。而室友们也坦然接受了她的付出，毫不见外地使唤小米。有时候，明明小米自己的时间也很紧，她还要一路小跑去图书馆帮室友还书；有时候，明明小米自己的作业也没有写完，却还要先帮室友赶论文和PPT……终于有一天，小米因为实在忙不过来，就鼓起勇气婉言拒绝了一个室友的请求。没想到，她的拒绝换来的竟然是室友们的集体责问："你怎么会那么忙，这点小事都办不了？开什么玩笑！"

后来，室友们抱团孤立了小米。经过此事，小米终于懂得：不能靠一味地委屈自己来讨好别人。于是，她放弃了融入室友当中的念想，开始一门心思地钻研功课，终于顺利申请到了带有国家奖学金的留学项目，在大二时就远赴日本留学，毕业后留在了日本东京工作。

希望别人喜欢自己，不能靠讨好来获取。否则，别人终究喜欢的不是那个你，而是你不惜一切给他们带来的便利。

人与人之间是平等的，不要牺牲自己的利益和时间去讨好别人。顺手的忙可以帮，但没有必要因此勉强自己。不懂拒绝，即使把自己累死，也不会得到别人真正的理解和尊重。

当好人可以，别当烂好人。想要别人照顾你的感受，就不要所有事都迁就别人的感受。只有守得住自己的底线，才能迎来别人的尊重。

小可是我的一个读者，她曾在微博私信里跟我分享了她的故事。

小可与丈夫是大学同学，郎才女貌，兴趣相投，是校园里人人羡慕的一对。尽管双方家庭差距悬殊,但是两人最终还是冲破了种种阻力,毕业后不久就结了婚,开始了两人憧憬已久的婚后生活。

因为小可来自十八线小城的普通家庭,于是,婆婆一家始终摆出一副高高在上的样子,对她横眉冷对,似乎让她嫁进门来已经是莫大的恩惠。

初入夫家,小可为自己打气:只要自己真心诚意对婆婆好,对丈夫和这个家好,总有一天会让婆婆发现自己的优点,会使婆婆感动。可惜,这一切不过都是她天真的想法罢了。毕竟,生活永远不会按照你的思路往前走。

婚后,小可没有去找工作,而是甘心当了一名全职主妇。每天早晨5点,她就起床为全家人做早饭,等丈夫出门之后,她就开始一刻不停地操持家务,一直忙到丈夫下班回来才能稍事休息。后来,小可生了两个孩子,每天除了操持家务还要照顾婴儿,忙得更是脚不沾地,常常要到凌晨才能睡觉。可是无论她怎么努力付出,始终都换不来婆婆的一丝好脸色。在婆婆眼里,小可俨然就是一个免费的用人。每次小可与婆婆起了争执,丈夫始终不愿意帮小可多说几句话。

后来,小可终于想通了:爱情根本不是单方面的付出,真正爱你的人绝对不会舍得让你一直付出下去。认清真相后,小可没有犹豫,义无反顾地带着孩子离了婚。

好的友情也好,好的爱情也罢,都应该是相互扶持、相得益彰的关系。这世界上任何一段值得珍惜的感情都不需要你通过委曲求全来换得。

  生活虽苦,但也不是专门用来妥协的。那些善良爱你的人,从来不需要你为他们妥协;而对于那些只知索取的自私者来说,你退缩得越多,他们留给你喘息的空间就会越有限。你活得越卑微,你所向往的自由和幸福就会离你越远。

  所以,我亲爱的朋友,你不是一条虫子,不要总是把自己的头埋得太低,也不要一而再再而三地容忍别人践踏你的底线、侮辱你的尊严。该反抗时就反抗,该抬头时就抬头,这样才能坦然做人。要想让世界回馈你幸福,你总得先挺直腰板,让世界看见你的存在、发现你的价值。

  请记住,不要再拿大好的青春去讨好别人,要善待你自己。

比较
是深不见底的陷阱

人类似乎从出生的那一刻起,就开始了比较之路:这个孩子很胖啊,那个孩子又黑又丑,这个孩子长着水汪汪的大眼睛……然后是学习成绩的比较,出身、学校的比较,工作岗位和薪资、房子、车子的比较……为人父母后也要比,从孩子的幼儿园到大学的成绩和所上的学校,再到孩子将来的工作岗位和薪资、房子和车子……我们的人生似乎无时无刻不充斥着各种比较。当然,有的比较自然是正常的,而大多数的比较其实毫无意义。

成年人的世界最喜欢比较。比谁家的房子豪华,谁开的车子好,谁的工作收入多,谁的孩子成绩好……衣食住行,孩子房子车子狗子,无所不比,气人有、笑人无成了人间常态。殊不知,我们常常挂在嘴边的"羡慕嫉妒恨"正在慢慢扼杀我们的自在生活。适度的比较可能会激发一个人的潜能,但是永无止境的比较,只会把人拖入无底的深渊。

我见过这样一个家庭。这一家人在外人看来幸福美满,父母都是受过高等教育的学校教师,知书达理、兢兢业业;这家人的孩子在父母的言传身教下也乖巧懂事，成绩总是名列前茅。然而，这个看似平静祥和的家庭，背后隐藏着不为人知的辛酸，因为这家的父母有一个致命的缺点：爱比较。

不可否认，这家的父母在工作中的确勤勤恳恳、任劳任怨，多次登上学校优秀教师的光荣榜，令无数人羡慕。于是，回到家里，他们也要求自己的孩子同样优秀，要门门功课一百分、科科考试第一名，否则他们就认为孩子给他们脸上抹了黑，这时候等待孩子的就是一顿打骂。

朋友们的孩子去他家玩，他们不顾孩子们玩得高不高兴，而是不停地问别人家的孩子有什么技能。如果别人家的孩子说出了他们自己的孩子不会的技能，等到客人们走后，他们又会对孩子一通数落："别人都那么聪明，怎么你就这么笨？我们怎么会生出你这个蠢货？"从此，孩子再也不敢找小伙伴玩，因为他害怕自己的父母拿自己跟小伙伴比。

每天晚上，这家人从不会聚在一起温馨地吃晚饭，而是会把晚饭时间当成批斗会和反思会。父母你一言我一语，像说对口相声似的，使出浑身解数数落孩子。他们认为，只有这种打击教育才能激励鞭策孩子努力上进、勇争第一。可惜，孩子没能懂得他们的良苦用心。在父母日复一日、坚持不懈的摧毁式打击下，孩子终于成为他们口中咒骂的无能败类，开始麻木不仁地混日子，只草草读完初中便辍学回家了。

一家两位优秀教师，最后却教出一个辍学的孩子。这种令人嘲笑的"家门不幸"彻底从身心两方面击垮了这一对爱面子、爱比较的父母。几年后，两个人双双查出重病住进了医院，没过多久便先后撒手人寰。他们的孩子在其他亲戚的帮助下找到一份酒店前台的工作，虽然没能考上大学，倒也能自食其力。

这家人本来可以像其他人那样，享受天伦之乐，可是他们却把毕生的精力都用在了与周围人的暗中较劲上。这种不服输的劲头或许能让他们一时得到别人的羡慕，但是这种羡慕绝对不会长久。

人生没有常胜将军，任何榜单上都没有永远的第一名。

作家林清玄曾说，一个人从小学到研究生毕业一直考一百分、得第一名，是很危险的事情。因为人生漫长，他的工作不可能总是一百分，婚姻也不可能是一百分，他很可能无法面对这些挫折。人生中最重要的不是要考一百分、得第一名，而是要拥有能面对一切的能力和勇气！很可惜，林清玄这番话所讲述的道理，有些人至死都弄不明白。

你一直活得兢兢业业、勤勤恳恳，人生几十年里从来没有为自己活过一天，所做的一切仿佛都是在演给别人看；你如饥似渴地乞求着别人的羡慕和叫好，把自己的所有价值都寄托在别人的嘴里。请问，你的人生该有多悲哀？你的内心该有多么不自信？

随着科学技术的不断发展，人离开地球都有可能照样活下去，你又何必靠着别人的认可来生存，把原本应该自在舒适的生活过得一塌糊涂？

幸福感有时候的确是一种比较级，但如果你的内心足够坚定，你又何必活在别人的眼里？选择活在别人眼里的人，即使能得到短暂的幸福和快感，最终会失去自我，把自己的一生自在全都搭进去。

没人强行逼迫你，所以，你也无须强行把自己活成别人羡慕的样子。觉得累了就放松一下，觉得倦了就换个方向。每个人都有各自适合的生活轨迹，有各自喜欢和适应的生活方式。当你有一天发现了自己的价值，你就无须靠别人的评价去赋予自己价值；当你充分肯定了自己，你的人生就不再需要外人的附加和附和，无论世间如何待你评你，你都会活得悠然自得、自在而知足。

所谓生活之累，大多是因为自找苦吃。如能选择放下，世界就会开阔许多。

过好当下的生活吧！不要再执迷于与任何人的比较了，若是一定要比较，就请与过去的自己比。只要现在的日子比过去更幸福，你就已经生活在了绝大部分人的羡慕里。

不完美
才是人生

前不久,我在电视上看到这样一则新闻。

她从小到大都是父母眼中的乖乖女、老师眼中的好学生,更是同学们佩服的"学霸"。她从未让父母操过心,从小到大都过得顺风顺水,本科、硕士都毕业于名校,毕业后又顺利进入一家世界500强公司,从事着当今最热门多金的金融行业。在寸土寸金、人才济济的首都,年纪轻轻的她有房、有车、有北京户口、有高薪职业和高知学历,这么多光环笼罩于一身,这是多少人梦寐以求甚至是奋斗一生也难以企及的高度啊!然而,令人唏嘘的是,这个"开局不久即顶配"的女孩竟然选择了自杀,结束了如花的生命。她一路走来的经历的确令人羡慕,可是结局实在令人惋惜。很多人百思不解,一个如此成功的年轻人,究竟还有什么求而不得的东西呢?

记者深入走访后,逐渐还原了她生前的一切。她原本是中国人民大学硕士高才生,对于自己的人生规划,想必一定曾有过一个美好的蓝图。然而,残酷的社会、复杂的职场,让刚刚走出大学校门、几乎从未经历过大风大雨的她无所适从。她是一个性格内向的完美主义者,在学习和工作中一向对自己要求甚高。初涉职场在工作方面的能力和经验都很有限,这本无可厚非,可是,一向要强的她给自己定下很高的目标,看到自己的努力最终没有达到预期,她开始不断地怀疑自己、怀疑人生……

她具体的心路历程,作为旁人的我不得而知,我只能通过新闻了解到她在生命的最后阶段患上了严重的抑郁症。因为工作压力太大,她在工作中经常出错,时间久了,她便认为自己什么都做不好,对自己失望至极,直至悲观厌世,最终选择了那条最不该走的路。

我家门口不远处有一家水果店,店主是一位40多岁的女人,我们叫她刘婶。

比起同龄人,刘婶的命运很坎坷,年幼时就失去双亲,结婚后丈夫又患病瘫痪在床,家中的大事小事都靠刘婶自己操持。每天半夜,刘婶独自蹬着三轮车,去很远的郊区批发市场批发新鲜的水果蔬菜,风雨无阻,从不停歇,一年到头也睡不上一个整宿的觉。到了早晨,刘婶还要尽快做好早餐,送儿子上学,伺候丈夫洗漱,然后去店里开门迎客。

尽管日子艰苦,但刘婶的店总是被她收拾得干干净净。她热情对待每位顾客,做生意也从来不缺斤少两。与一般菜贩更不同的是:只要店里没有客,刘婶就会搬过来一只破旧的小凳,坐到门口安静地读书看报。等有客进店,她才会放下书招呼客人。除了读书看报,刘婶还喜欢写文章。每当深夜,刘婶收拾好里里外外的一切,就会腾出一点时间来写东西。她自己说,有时写日记,有时写一点感悟,有时也会写关于她自己的自传小说。每天写上百千来字,是刘婶雷打不动的消遣。

年少好奇的我曾问过她:"命运对你太不公平,可你却从来没有抱怨过命运,反而还能妥帖平静地打理着每一天。你到底是怎么做到的?"

刘婶坐在店门口,抬头望望天上的太阳,淡淡地答:"我的日子虽然比上不足,好歹也比下有余。我们一家人不愁吃穿,有房有店,每年也都有存款。只要这样的日子能一直过下去,我还有什么不知足呢?"

莫言说:"世界上的事情,最忌讳的就是个十全十美。你看那天上的月亮,一旦圆满了,马上就要亏厌;树上的果子,一旦成熟了,马上就要坠落。凡事总要稍留欠缺,才能持恒。"不要太在意别人对你的看法,太想让别人认同你。人无完人,太过追求完美,只会适得其反。

这个世界从来没有完美的人和事,王子配公主的完美故事只能发生在美好的童话世界中。生活太难,我们真没必要亲手把自己逼到山穷水尽。

幸福这件事其实特别简单。虽然没有大富大贵,但好在有手有脚,能自力更生,是幸福;虽然没有亲眼见过整个世界,但好在还见过家乡的风与月、花与雪,能熟知家乡的每一寸土地,是幸福;虽然没有娇妻美眷,但好在父母身体健康、夫妻琴瑟和鸣，能够每天过着不愁吃穿、平淡安稳的生活，更是幸福……

许多人最大的问题就是从不肯放过自己。我们总以为，别人能做到的事情，我们只要努力也一定可以做到。这话确实不假，但我们真没必要拿着这句话把自己架在上不去、下不来的火堆里。

这个世界上没有完全相同的两片叶子，别人的成功经历不可能被你一句"拼命努力"就完全复制。不要试图活得完美无缺，更不要总拿自己的缺点去与别人的优点相比。见贤者，当思齐，但是人无完人，你只要尽力了就好。

要想活得自在精彩，你要先学会接纳不完美的自己，享受不完美的人生。

无论未来的道路怎样，无论季节如何变换，请你都要留给自己一片坦荡晴朗的天空，让自己的内心惠风和畅，充满明媚的阳光。

"标签"时代，
你别活成"标签"

"你为什么要学日语呀？你晓得不晓得，日本人的良心都坏了，日本人没有一个好东西哟，你这小姑娘家的好不容易考上大学，为什么要去学日语呀，难道是想以后当汉奸吗？"

"你们现在这些小年轻哟，每天就去看那些日本的动画片、电视剧什么的，那些卡通人物有什么好看的，看看咱们国家自己的电视剧不好吗？你们这些孩子年纪还太小，不清楚利害关系，看多了日本的东西，心容易变坏呀！"

某一年坐火车回家的时候，偶然遇到一位非常健谈的阿姨。这位阿姨跟我在同一车站上车，又恰好坐在我的对面，我们便攀谈起来。阿姨生得慈眉善目的，聊了没几句，她便把她揣在包里的橘子硬塞给我吃，热情得让我有些不好意思，同时在脑海里回想起了不少《法治进行时》里人贩子故意套瓷的拐卖案件。而当我提到自己在大学里学的专业是日语时，阿姨的脸色立马就变了，开始毫不留情地数落起我来。

我早已习惯了这种情况，所以，面对阿姨忽然上演的"川剧变脸"，我只是沉默不语，偶尔在她炙热如火的鼓励眼神中默默点头附和一下。见我一直不搭腔，阿姨的声音终于慢慢变小直至消失。她意犹未尽地咂巴着嘴，又从包里掏出一管护手霜，挤了一点，抹了起来。

我一眼瞥到阿姨护手霜的牌子："这个护手霜是……"

"这个是我儿子过年的时候带给我的，好用得很哦。哎，你们这些年轻人呀，就喜欢追捧外国的牌子，你看看阿姨这个国产的不也……"

"阿姨，您的这个护手霜是日本产的，我也用过。"我用尽量平静的语调回复道。被我这么一说，阿姨顿时变了脸色，瞪着我的脸，半张着嘴，却一句话也说不出来。后来，直到我下车，她也没有再跟我搭过一句话。

如今想来，当时的我故意让年长者如此尴尬，实在有些不礼貌。但是这件事却让我更加清楚地体会到了"标签"时代的可怕。

在我的高中时代，每个人都为了考上好大学而拼命学习。当时，绝大部分学生都会去上补习班，然而每个班里似乎总有那么一些学生，无论上了多少补习班、无论学习多么刻苦，成绩却总是提高不了。于是，这些人的身上很自然地被贴上了"智商不够""脑子不好"的标签。

"因为头脑不好，所以再怎么努力学习也没用嘛！"这话听起来特别有道理，可是仔细想想，学习成绩的好坏真的能体现智商吗？我们不是不知道，影响成绩的因素远非只有智力因素一项,但是在不知不觉间,我们却停止了自主思考,随波逐流地给这些努力无果的同学贴上了"低智商"的标签。

在发展速度堪比火箭升空的当今时代,"标签"越来越成为一个简便高效的工具。我们企图给世间的一切分门别类,甚至希望也在自己身上贴好标签,以便把复杂的人和人性像自然科学一样整齐分类,达到高效利用的目的。于是,似乎有助于区分人和人性的星座、血型之说开始大行其道,专注于为人们增加更多新标签的趣味心理测试越来越受欢迎。

然而,人和人性真的能够靠"标签"区分开来吗?仅仅依靠"标签"评判一个人,而不是依靠长时间的交往和独立思考去理解一个人,这种方法真的是"科学"的吗?

我曾在一本人文学书籍里读到过这样一个词:文化刻板印象。相比于一个普通抽象的词汇,我更愿意把它理解成当代的一种精神流行病。

据空有一腔热血、毫无行医资格的精神流行病医生阿檀诊断,"文化刻板印象"病是一种正在全世界范围内流行的病。它的易感染者不仅限于懵懂的青少年,还包括很多经历过世事、受过高等教育的中年人和老年人。"文化刻板印象"病的病症不仅限于患者对他人的刻板印象,还包括对其他文化的刻板印象。例如,在当今时代,只要提到中国人,我们就会想到"舌尖上的中国"和美食;提到韩国,就会想到泡菜、韩剧;提到日本或者德国,就会很容易联想到严谨自律的文化……然而,任何人都无法否认的是，即便拥有同一种国籍，每个人也都有着各自不同的个性。即便隶属于同一个国家，每个地区也都有着各不相同的文化。事实本是如此，我们却习惯性地无视个体的差异，这难道不正是"文化刻板印象"病最典型的病症吗？

患有"文化刻板印象"病的人，通常会习惯性地认为自己的观点是绝对正确的，并且会自然而然地按照自己的思想和标准去评判其他人和事。这样做的结果就是，这种病的患者们会在不知不觉间忘记人与人之间差异性的存在，并在自己与外界之间架起一道高不可攀的壁垒，导致他们与其他人的沟通再没有平等、坦诚和自在可言。

我在学习日语以前，也曾经因为过去的苦难历史而心有介怀。实话实说，直到几年以前，我对日本和日本人都没有什么好感，充其量不讨厌而已。因为自近现代以来，我这个年纪的很多中国人似乎都习惯把日本视为侵略国，我们很难改变我们对待日本的初始印象。而日本人在看待我们时或许也是预先设定某种印象。

在许多日本人看来，中国人就是"自由奔放""大大咧咧""嗓门大"之类标签的代名词，然而，中国有14亿人口，在这14亿人口当中一定会有内向的人、胆小的人。而在一向以国民"严谨抑郁"著称的日本，也一定会有天性乐观的人，不是吗？

活在这个"标签"时代是我们无法选择的事，但是我们可以从现在开始，努力撕掉自己身上贴着的"标签"，尝试着不要再以别人贴着的"标签"去评判和理解对方。

还是那位毫无行医资格的精神流行病赤脚医生阿檀又说,治疗"文化刻板印象"病的特效药是什么?就是手撕"标签"!复杂又伟大的人类和人性永远不是简简单单的一堆"标签"就可以归纳和代表了的,关于人的问题永远不可能存在权威的和唯一不变的正解。

所以,不要再追求那些看似高效实则简单粗暴的"标签"化人生了!一生很长,我们有很长的时间慢慢走,慢慢看,慢慢遇见有趣的思想和有趣的人。

成年人的世界里，
从来没有"容易"二字

位于小区门口的市场里有一对卖水果的夫妻，是从农村出来打工的，每天起早贪黑，一年365天，他们天天都在市场卖货，从不休息。他们的水果时令性强，又很新鲜，价格合理，而且从不缺斤少两、以次充好，买他们的水果是一百个放心。日子久了，他们在附近居民那里赢得了很好的口碑。

有一年冬天凌晨3点，我去火车站接一位远道而来的朋友。我站在路边打出租车，在凛冽的寒风中，忽然看到一个骑着三轮车的身影，顶着狂风吃力地向前蹬着，定睛一看，是卖水果的男主人。我恍然大悟：原来他们每天都是在凌晨去进货，难怪他家的水果那么新鲜。每天当我们还在香甜的梦中时，他们已经开始了一天的劳作。

这对夫妻不辞辛苦，用自己的辛劳和汗水，不仅维持家里的日常开销，还供两个孩子上学，听说最近又在城里买了一套房。他们靠自己的双手，真正在这个城市站稳了脚跟。

成年人的世界里，从来没有"容易"二字。每个人都有着不为人知的艰辛与心酸，不会对所有人说起，更不会让所有人看见,因为许多艰难困苦的事,终归要自己面对,这就是生活。

邻居琴姐是一位单亲妈妈,因为从小家境贫寒,所以极度渴望家的温暖,就像在茫茫大海之中要迅速抓住一叶浮萍一样。工作不久,琴姐便匆忙结婚了,她以为就此找到了避风的港湾。

婆婆是个重男轻女、封建思想严重的人,一副多年媳妇熬成婆的架势。她认为儿媳妇就应生儿育女,伺候一家老小,不能有任何怨言。在她的教唆下,儿子每天像皇帝一样,对孩子、对家庭不闻不问,在外吃喝嫖赌。琴姐屡次劝说,丈夫依旧我行我素、不思悔改,最后竟然对琴姐拳脚相加。琴姐实在忍无可忍,终于带着年幼的孩子净身出户,毅然决然地离开了这个家。

刚离婚那会儿,琴姐难上加难,因为身边无依无靠,没有一个帮手。那时孩子小,琴姐一个人一边上班,一边带孩子,常常顾了东顾不了西。孩子常常生病,在医院带孩子打点滴,顾不上吃饭是常事。每天马不停蹄连轴转,日子过得分不清白天黑夜,从早到晚,琴姐像陀螺一样转个不停。现在想来,真不知当时她是怎么熬过来的。

琴姐在单位里不仅要工作,还要忍受同事之间的钩心斗角。即使琴姐不参与,也有人暗中使坏下绊子,有些人就是要靠贬低、打压别人来抬高自己……对于办公室斗争,琴姐既没有那种爱好,更没有那份精力,所以琴姐一直都是装聋作哑、委曲求全。

因为琴姐不会对单位领导溜须拍马,所以势利的领导处处给琴姐穿小鞋。在这个世俗功利的社会里,孤独无助的琴姐就像一只弱小的绵羊，谁都想咬上一口、踩上一脚，那些人以此为乐，以此丰富自己的人生乐趣……

那些艰难的日子，琴姐一个人咬牙挺过来了，现在孩子长大了、懂事了。俗话说"穷人的孩子早当家"，孩子为母亲分担了不少家务，学习上、生活中从不让母亲操心，比起同龄的孩子显得成熟而稳重。孩子成了琴姐可以依靠的肩膀。琴姐也靠着自己一丝不苟的工作精神，在工作岗位上做出了一些成绩。

生活中其实有太多你预料不到、无法左右的东西：有你承受不了的压力；有你穷尽一生也追赶不上的差距；有诉不尽的委屈；有看似跨不过的沟坎。无论你身处何种艰难，都不要怨天尤人，因为别人光鲜的背后，都曾有过不堪；别人所有的光彩照人，也都有你不了解的苦涩与艰难。没有谁的生活是容易的，只是有人选择哭着度过，有人选择咬紧牙关挺过去，谁都要在一次次不断跌倒中强忍疼痛，一次次再艰难地站起来。

不要再抱怨生活太艰难，生活对你的每一次刁难，都是一种善意的提醒，为了让你更清楚地认识自己，更好地完善自己。那些糟糕的事情、艰难的时刻、苦熬的时光，都会成为你生命中最坚实的铠甲，帮助你实现人生的蜕变，让你脱胎换骨、浴火重生，成为更好的自己。

那些曾经受过的伤、吃过的苦、流过的泪，会让你变得更加坚强，让你的脚步更加稳健。

事本无好坏，
纠结在人心

金圣叹先生批《西厢记》时曾写下快意事三十三宗，林语堂先生后来又续了民国版的"不亦快哉"二十四件，今举一二例，续写我之快事，以承先贤之雅趣，抒后辈之敬意。

其一，又一年春节将至，瑞雪初晴，天朗日和。在大学旧友们的帮助下只用一日就集齐"五福"。为了扫描福字，还拍到了一张妈妈举着大红福字的喜庆照片，遂存为手机屏保，不亦快哉？

其二，早春阴雨，点灯坐在屋子里看书，手边摆好暖炉、曲奇饼和热牛奶。在网易云音乐翻出每日歌曲推荐，偶遇一首一听便爱上的歌曲，不亦快哉？

其三，努力工作了整个上午，午饭去心仪已久的餐厅吃烤肉，吃饱喝足，再慢慢走回家，关掉手机等通信设备，躺进被窝里看书。看累了就休息，看困了就睡觉，不必在意时间流逝和种种应酬，不亦快哉？

其四，夜半时分，正待就寝时忽然有了写作的灵感，马上打开电脑写出一篇好文章，不亦快哉？

其五，回到故乡，和久未谋面的三五老友一起去重访母校故园，再一起去逛街、聊天，一起吃完一份肯德基全家桶，不亦快哉？

其六，出国前，收到十年知交亲笔写的信，尽管碎碎念，但还是翻来覆去看了好几遍，不亦快哉？

其七，熬夜看书一本，连喝两壶咖啡，直熬得眼圈通红，终于在窗边守到了朝思暮想多年的日出之景，得偿所愿，不亦快哉？

其八，养一只肥猫，闲来无事摸着它的毛、看着它吃东西，不亦快哉？

其九，在异国订外卖时，意外收到店家亲笔写的新年祝福便签，虽然只有寥寥数字，但在那一瞬间觉得心里特别温暖，不亦快哉？

其十，闲来消遣买了2元钱的刮刮卡，又中了2元钱，得了乐趣又不吃亏，不亦快哉？

其十一，与友辩论是肯德基好吃还是麦当劳好吃，最后讲和，同称汉堡王好吃，不亦快哉？

其十二，埋头写了一天小说，兴尽出门时，忽然发现路两边的树叶大都枯黄，方才因叶知秋，不亦快哉？

其十三，偶然吃到一个特别甜的橘子，不亦快哉？

其十四，傍晚无事，一人跑到阳台上独酌果酒，看着街上熙熙攘攘的行人，作三五首诗词抒怀，不亦快哉？

其十五，跟人吵架，吵赢了，不亦快哉？

其十六，花一天的休息时间打扫屋子，再在一尘不染的房间里美美睡上一觉，醒来吃顿热饭，不亦快哉？

其十七，早晨推窗，跟蓝天白云和四季聒噪的乌鸦们问声好，不亦快哉？

其十八，偶然逛街时，发现自己一直想买的东西刚好打折，果断入手，得偿意外之喜，不亦快哉？

其十九，在归程的火车上结识一位同龄的同乡，并成为好友，不亦快哉？

其二十，夜里无聊，推窗望天，突然发现今天的月亮特别圆，月明星稀、人又无事，不亦快哉？

廿一，整理老家的旧物，偶然翻到自己上小学时为凑数而写的日记数十篇，触物生情，不禁回想起童年种种趣事，不亦快哉？

廿二，久病缠身，随着春日来临而渐渐好转。从前病发时不能进粒米，而现在已经能吃掉满满一大碗热饭，不亦快哉？

廿三，虽然多年来的生活有不少坎坷，幸而自己天生心大又健忘，不快的事情总是记不了几天就忘了，不亦快哉？

廿四，反思自己的人生，虽有无数人来了又走，但是回顾往事，我身边既有指导我不断前行的恩师，又有热心助我的前辈；既有许多兴趣相投的好友，又有聊天时毫无避讳、烦闷时随时骚扰的知己，不亦快哉？

人生这么短，其实也这么暖。

生活中的小快乐就在我们身边，何必非要让自己活得苦大仇深，仿佛全世界都欠了自己的钱？

　　古人说"不如意事常八九"，我倒觉得，人生快乐的事才是十有八九。事本无好坏，重在如何看待。你若心存阴霾，生活就处处是霉菌；你若快乐，生活便处处是阳光。

生活有点难，
你笑得有点甜

临近春节，琳琳做的策划案还是不能令自己满意，她改了又改、写了又写，每天都加班到半夜，想赶在节前交上一份完美的策划案。所以这半个多月来，琳琳从未在夜里12点之前离开过公司。

今天，琳琳照例又在外卖平台上点了她最爱吃的鸭肉盖饭，不一会儿外卖送餐员就风尘仆仆地送来了餐。

"怎么又是你？还没有下班啊？"

"快了，送完这单就下班回家。"

因为总是这个时间段点餐和送餐，琳琳和外卖送餐员渐渐熟悉了。琳琳知道送餐员姓李，就改叫他老李了。老李五十多岁，孤身一人，背井离乡，在城市打拼，风雨无阻，从没有休息日。琳琳曾问过老李，这么大年纪了，为何不在家里过安稳日子，还出来拼命赚钱。老李说，他曾经在他家乡的小镇上与人合伙开过一家饭店，后来由于经营不善，小店关门了。老李入股投资饭店的钱都是向亲戚朋友挨家挨户借来的，所以他痛定思痛，安顿好老婆孩子后，就独自出来打工还债了。

老李岁数大了，又没有什么技术，所以只能跑外卖，风里来，雨里去。平日里老李省吃俭用，常常是吃一个冷馒头配上水煮白菜，然后把省下的钱寄回家还债。几年过去后，债已经还得差不多了。

琳琳问老李："今年春节不回去与家人团圆吗？"

老李说："趁春节多挣点钱，再干一年就能把欠的钱彻底还完了，到时就回老家，跟老婆孩子团圆。"说这话时，老李眼里闪着光，灿烂的笑容也洋溢在他布满岁月风霜的脸上。

那一刻，琳琳被老李的话打动了。老李生活虽艰辛，可他的笑容却是甜的，因为他在艰苦的生活中捕捉到了美好的东西。那段时间，琳琳废寝忘食赶工，终于在春节前夕向领导交上了漂亮的策划案。后来，她成了留在公司里为数不多的实习生之一，转为正式员工。

生活就像个五味瓶，我们每个人的生活都没有那么好，但其实也没有那么糟，即使眼前有些困难，只要忍一忍，一切总会过去的。开心是过一天，烦恼也是过一天，为何不选择笑着度过每一天呢？

我家楼下住着一对环卫老夫妻，每天天还未亮，当大多数人都还在睡梦中时，他们就已经早早地去清扫路面了。平日里还好说，若赶上下雪天，那份艰辛是难以想象的。老两口省吃俭用，这么多年从未添过一件新衣服，每天粗茶淡饭，经常馒头稀饭就着咸菜就是一顿饭。他们把省下的钱全部用来供女儿在国外上学。好多人对此很不理解，老夫妻日子过得这么清贫，为什么还要供女儿出国上学？我也曾带着疑惑问过环卫阿姨。每当提起女儿，环卫阿姨的脸上就会露出笑容，总是有说不完的话题。

"我一定要供女儿上学，支持孩子读书，出去见世面，这样她将来才不会像我一样受这么多苦。虽然我现在的日子苦点累点，但没关系，我们过惯了苦日子。再苦再累，只要一想到孩子将来学业有成，心中便有了劲头。"

村上春树曾说："假如您此时此刻刚好陷入了困境，正饱受折磨，那么我很想告诉您，尽管眼下十分艰难，可日后这段经历说不定就会开花结果。"

所以，亲爱的朋友，无论在人生之路上遇到什么，哪怕此刻痛不欲生、日子捉襟见肘，都请你勇敢去面对，不要自怨自艾，也不要就此消沉。别让人生未曾开始就先输给心情，相信我，一切都会好起来的。

我的朋友，愿你能忘记痛苦，为阳光腾出空间；愿你能擦干泪水，在心里装满希望。无论何种处境，都不要忘记给自己一颗糖，让生活充满甜蜜。

part 06

若想拥有爱情，
请从现在开始做更好的自己

世上最好听的情话应该是这样的：
你未出现时，
我已拥有了全世界。
当你来时，
我愿意用全世界来换一个你。
安全感永远是自己给自己的。
若想拥有幸福美满的爱情，
请从现在开始努力上进，
成为无可替代的、更好的自己！

表达爱的人
比被爱的人更幸福

"薄情"先生最近在网上发现一句很火的网络用语:"不要做'舔狗',因为'舔狗'到最后往往会一无所有。"

"薄情"先生扭头问同事:"'舔狗'是什么狗?"

同事像看外星人似的瞅了"薄情"先生一眼,颇不屑地说:"'舔狗'不是狗,是人,指的是那些爱别人胜过爱自己的人。"

"薄情"先生不解:"爱别人胜过爱自己,错了吗?"

同事更不解:"爱别人甚至超过了爱自己,不就等于失去了自己吗,没有错吗?"

"薄情"先生一时不知如何反驳,可是心里又总觉得不太对。于是回家后,他一个电话拨了出去,把问题抛给了他的另一个朋友"深情"先生。

"深情"先生听完他的讲述,答复道:"在我看来,你们两人的说法都没错。错只错在,这个薄情世界里的一些人误把深情的人也当作了'舔狗'。"

"深情"先生淡淡地说:"我先给你讲一个故事吧。"

阿深与和和相识于那个斑驳陆离的青春岁月里。

和和是文学院有名的美女兼才女，还是校艺术团最出色的领舞和钢琴首席。在大学这个人们尚未完全以金钱定义人生价值的地方，和和这样的女生无疑非常耀眼。相比之下，阿深就显得平凡得多了。他和所有你已经想不起名字的男生一样，长相朴素、性格温暾、穿着普通，每天除了朝九晚五地上课上班，几乎没有别的日程安排，生活干净得如同一张白纸。只不过他这样的"白纸"在很多人看来，只是一张毫无特色的"废纸"。

所以，日子长了，连阿深自己都忘了，他这种平凡的人是怎么与在舞台上耀眼绽放的和和相识的。等到那遥远的记忆再连接起来的时候，他与和和已经成了朋友。

朋友？

应该是朋友吧。或者残酷一点地说，在最初的那段日子里，只是阿深一厢情愿地陪在和和身边罢了。

相识后的第一年，阿深自愿把自己变成和和的"最佳观众"。他默默地陪在和和身边，为她做着跑腿、煮饭、买早点之类的最平凡的小事。他关注着和和的每一个言行举止，细心记录着她的每一点小习惯，可是一旦走到和和的面前，无法抑制心底自卑的他就立刻退化成了哑巴和看客，甚至故意对她冷漠得连见面时的一声招呼都懒得回应。

第一年，阿深只敢站在安全距离以外默默观望和和，此外，他什么都不敢做。到第一年快结束的时候，他们之间的破冰还是因为一场暴雨。

天气预报说那天有台风来袭，所以雨也会下得很大。可是和和在那天还有不得不去的剧团排练。阿深知道和和一向不习惯带伞，他本想等排练结束后给她送伞过去，可一想到自己的卑微，他终究还是没敢迈出一步。

阿深心虚地安慰懦弱的自己："像和和那样耀眼的女生，就算没有带伞，应该也有很多男生排队等着帮助她吧！她不会有事的，我是为了她好。"

可是等到夜深时，阿深偶然刷新微博，却看到和和发微博说自己淋雨发烧了。

阿深犹豫了一下，发消息问："你好点了吗？"

消息发出去之后，阿深就开始后悔了。他知道和和很有可能不会回复他——不回复才是经常事。可是无论和和会不会回复他，他都会无法控制地为了等待她的短信而失眠。他早就不想再忍受这种折磨了。

他的手指停了停，编辑的消息改了又改。他一忍再忍，最后还是忍不住爆发。

"你有什么事能不能告诉我，不要再一个人承受了！我到底要怎么样才能让你知道，我有多担心你！"

残存的理智顽强地坚守着岗位，它不断提醒着阿深，他不能发出这条消息，他不能让她为难，可他颤抖着的手最终还是按下了发送键。

消息发出去之后，阿深立刻冷静了下来。他又开始习惯性地嘲笑自己：和和怎么会回复他这么无聊的消息呢？她那么忙，艺术团有那么多工作等着她做。她那么好，那么多才多艺、长袖善舞，怎么会需要别人帮忙呢？就算真的有需要，她又有什么地方需要自己帮忙呢？

阿深轻轻叹息，看着聊天界面上和和的名字发呆。良久，他才收了心，决绝地把手机扔到一边，又随手摸了一件外套盖住。之后，他愣了愣神，突然又把手机翻出来调成响铃模式，然后才把手机放回到衣服底下，开始专心看书。

不知过了多久，突然传来收到消息的铃声。阿深扭头就从衣服里抓起手机，解开锁屏一看，是和和发来的消息："没什么事，睡了一觉之后感觉好多了。"

阿深攥紧了拳，却掩不住嘴角的浅笑："嗯，没事就好。"

他犹豫良久，还是决定问出心底的那个问题："我能不能……问你一个问题？在你眼里，我到底是什么样的人呢？"

这一次，和和回复得很快："喜欢我的人呀。"

"还有，想成为朋友却无法成为朋友的人。"

那次聊天之后，阿深与和和的关系融洽了很多。到了他们相识的第二年时，阿深已经成了和和的"最佳聊友"。

或者明确一点地说，是和和聊、阿深听。

结束演出的和和总喜欢一蹦一跳地走在阿深前面，时不时回过头去跟他吐槽："今天来的钢琴师最多算是中等水平的演奏者，曲子弹得倒流畅，但是缺乏感情，对力量的运用也不到位，一听就让人觉得还差点火候。"

阿深拎着和和的演出服,跟在她身边慢慢地走:"外行人不懂钢琴,只知道很好听就是了。"

和和轻笑:"在舞台上的时候,我突然想起了李云迪,他就是一位挺适合弹肖邦曲子的演奏者。肖邦的曲子虽然很经典,却不是什么人都能弹得来的。"

阿深点头:"嗯。"

和和又笑,水葱似的纤纤细手朝阿深一指:"有时候想呀,你可真是比我聪明多了。但是转念又一想,你在别人面前也不是这样呀。"

阿深微微愣了一下,回了一个木讷的疑问词:"嗯?"

和和忍不住笑得肩膀直抖,答道:"没什么啦。"

"嗯……"

"傻瓜。"

在第二年里,阿深与和和的关系越来越好了。阿深开始常常陪着喜欢旅行的和和满世界走。艺术团演出结束时,阿深也习惯了站在后台门口等着送和和回家。每次和和看见他时,都会笑着跑过来挽住他的胳膊,再转过头去俏皮地跟其他瞠目而观的演员们说:"喏,这是我闺密。"

阿深从来不敢奢望能与和和再亲密一点,青春留给他挥霍的时间也所剩无几。

在与和和相识的第三年,阿深毕业了。

阿深从来没有对和和表明过心意。可在离开学校前,他为和和留下一首诗。那是他这个理工男花了整整2天的时间、死了无数的脑细胞才写下的诗,他想认认真真地跟和和、跟自己的青春道别。

他写道:

想你时,
我思绪万千,
落笔却只写成"我爱你"。
我说爱你时,
你却不知道我思绪万千。

阿深与和和的故事在他们青春即将结束时也草草结束。有时候阿深会自省,如果自己能再勇敢一些,也许他跟和和的故事就能有一个全新的结局。可是他转念一想,就又放弃了这种没来由的自谴——他只不过是做了对两人都好的选择。生活毕竟不是童话,就算是在温柔如梦的童话里,公主也不可能跟小矮人长久生活在一起。实际上,生活的绝大部分经历最终都不会有一个结局,不喜不悲、无可奈何,就是生活最常见的结局。

他到底还是说服了自己。

后来,阿深回到故乡自主创业。已经考上研究生的和和辗转寄给他一本小说作为纪念。此后的几年里,两人再无联系。

"故事讲完了,你还在听吗?"

"薄情"先生无意识地捏紧电话,思绪一直沉浸在刚才的故事里。直到电话那头的"深情"先生叫了他好几遍,他才醒过神来,一瞬间被拉回到现在的时间点。

他坦言自己的好奇心:"我从没听你说过这些。后来阿深跟和和怎么样了?他们的故事真的就这么结束了吗?"

"深情"先生笑着说:"你不就是写故事的吗?依你看,这个故事的结局会怎么走呢?"

"我不知道……"

"薄情"先生正有些沮丧,忽然又想起自己这通电话的目的:"这个故事很好听,可是你的故事跟'舔狗'与深情的区别又有什么关系呢?"

"深情"先生郑重地说:"我想通过这个故事告诉你,深情与'舔狗'是不该由他人来定义的。

"所谓深情,就是破例。当爱一个人爱到极致的时候,你就会心甘情愿地为了对方改变自己的爱好和作息,为了对方修炼自己的内在和外表,甚至为了对方放弃自己的理智和原则。这一过程是不求回报的,是无意识的,也是无法自控的。这就是古人说的'情不知所起,一往而深'。

"为心爱的人破例是一种幸福的享受。从心理学的角度来说,这种快乐源于我们天然存在的对于牺牲美学的执着追求。然而,我更愿意从艺术的角度去看它。在这个薄情的世界里,能够成为一个深情的人是快乐的,因为表达爱的人永远比被爱的人更幸福。

"在我看来,深情与'舔狗'只有一线之差,这一线就是为人处世的'底线'。

"深情的人知道这个世界除了他的爱情,还有很多值得珍惜的人和事物存在。而'舔狗'们的世界,则只由他们想象出来的爱情组成。"

"深情"先生说完,笑了:"爱本珍贵。如果只是因为害怕被人叫作'舔狗',就对爱情有所保留,变得自私自我,我总觉得不值得。"

"薄情"先生一时无言,若有所思。

手机忽然一阵震动,"深情"先生看了看短信,道:"我太太催我回去吃饭了,我先挂了。"

他说着挂断了电话,抱着一本书阔步往家走去。

距离市中心隔着两条街的地方就是"深情"先生的家。他的卧室里开着窗,不请自来的秋风无意间吹开了窗台上放着的一本《嫌疑人X的献身》的扉页,曾经有一笔少女独有的娟秀字体在那里留下了几行诗:

想你的时候我思绪万千,
落笔时却只写成一句"我爱你"。
我对着蓝天和大地、乌云和繁星、白天和黑夜沉吟你的名字,
我在暮色降临、黑夜笼罩、天边泛起鱼肚白时回顾你的音容,
我对世界上的一切生灵都聊起过你,
却唯独在你面前守口如瓶。

得不到的喜欢，
要懂得适可而止

叶子今天第一天去公司上班，她穿着整洁的职业装，走在路上，心中忐忑不安，又有一丝小惊喜，她对自己将要工作的职场充满了向往。公司在一座高端的写字楼，特别气派！走入公司，领导安排叶子先在销售岗位学习，负责带她的是一位中年男子——谭先生。在与谭先生四目相对的一瞬间，叶子忽然有种怦然心动的感觉。谭先生长着一张刚毅的脸，黝黑深邃的眼睛似乎让人望不到底，很是迷人。"你好，叶小姐。"一声富有磁性的男中音打断了叶子的遐想。

"啊，谭先生你好。"叶子匆忙回应。

叶子的手被谭先生浑厚有力的手紧紧握住，"从今天起，咱们就是一个战壕里并肩作战的战友了。"

叶子附和地点了点头。从此，叶子就成了老谭手下的一员。

老谭是一个对工作一丝不苟的人，销售的工作是极其琐碎繁杂的，既要开发新客户，又要回访老客户，许多工作的要领和技巧，老谭都毫无保留地传授给叶子。叶子虚心好学，进步很快。

老谭不仅在工作中帮助叶子,在生活中也格外关照她。有时加班忙碌起来,叶子来不及吃晚饭,老谭会点上一份外卖,无声地送到叶子面前,让叶子感动得简直要掉眼泪……在老谭的指教下,叶子终于可以独自上手了。不久,两个人就成了王牌搭档,共同签下许多大项目的订单。

有一年冬天,公司为了更好的发展,急需开发一批潜在的新客户,领导派他们两人去搞定东北的市场。北国的冰城寒风刺骨,滴水成冰,他们连日奔波,不得休息,使得老谭感冒发烧了,他晕乎乎地躺在宾馆里。叶子又是买药,又是买饭,一直到把老谭安顿好,她才回去休息。老谭的身体刚有好转,他们又投入紧张的工作中。终于,他们用真诚和耐心搞定了那位潜在的大客户,为公司拿下了订单,那一刻,他们欣喜若狂!

晚上,为了庆祝成功签单,他们两人吃了一顿庆功宴。叶子像小迷妹一样,无比崇拜地敬老谭一杯酒,感谢他这几年的栽培。看着老谭那深邃温柔的目光,叶子忽然有种冲动,她知道自己已不知不觉爱上了老谭,爱他工作上的拼搏进取、处事稳健;爱他生活中的温柔体贴、无私帮助,这不正是自己朝思暮想的梦中人吗?然而,现实的鸿沟摆在眼前,老谭早已结婚,他的手机中存着好多一家三口的照片,爱人温柔贤惠,女儿活泼可爱,这是一个溢满幸福的家庭啊!叶子真的很羡慕老谭的妻子,甚至有点嫉妒她。然而叶子只能压抑住自己的情感,不能向前多迈一步,因为理智告诉她,绝不能破坏这一家人的幸福,那样做自己的良心会受到谴责。真的,有时打心底爱一个人,并非要完全拥有，远远地看着他幸福，心中就会无比快乐了。

其实老谭跟叶子在工作中朝夕相处，也渐渐从心底喜欢上了这个姑娘，她工作热情，活泼又善良，很多难缠的客户都会被她的真诚搞定，许多尴尬的时刻也会被她的幽默轻松化解，老谭不禁对这个姑娘刮目相看。看她的眼神也越来越充满欣赏、越来越温柔……老谭身上这些细微的变化，叶子当然捕捉得到。叶子很犹豫，是放弃，还是继续任其发展？考虑再三，她不想插足老谭的婚姻，错的时间里遇见对的人，最终只能是一声叹息！为了彻底斩断这份情，彻底忘记老谭，叶子果断递交了辞职报告，她要去另一个城市发展，忘记老谭，忘记这里的一切，重新开始。

如今的叶子已是销售行业中的佼佼者，这其中当然有自己的努力，但和老谭当初的提携帮助也是分不开的。叶子很感激老谭，他让自己学会了很多，无论是在工作中还是在为人处世上，叶子都受益匪浅。能在生命中遇到一个令自己心动、深爱的人，是一种莫大的幸运！虽然由于种种原因最终不能走到一起，但这段经历会成为你青春岁月中最美的回忆。为了他你会努力工作，你会更加完善自己，虽然最终没有收获到爱情，可在不知不觉中成就了优秀的自己，这已是命运给予的最好礼物。

对于得不到的喜欢，我们应适可而止，不再打扰，各自安好，因为它原本就不属于你。这是对他人的尊重，也是对自己的负责。人生的路很长，相信总有一天你会遇到生命中那个对的人，相信他此刻也正在茫茫人海中苦苦地寻找你，越来越走近你。

女人，
你该先学会爱你自己

她半夜给我打来电话的时候，我正在睡梦中和漂亮小姐姐搭讪。睡梦之间刚一接听电话，就听她劈头盖脸一顿怒骂。我就知道肯定又是她的丈夫惹她生气了。

果不其然，她气冲冲地跟我说，她自从嫁了人就倒了大霉——虽然不上班，但每天照旧不闲着，甚至比上班的时候还累。每天早上五点半就起床，简单洗漱之后就得收拾屋子、做早饭，好不容易把每个房间都打扫干净了、把早饭也端上桌了，这时候她的丈夫和孩子也醒了。她就又得搁下吸尘器，马不停蹄地跑去哄着孩子洗漱、穿衣、吃饭，然后一边看着孩子坐在桌前背一会儿单词、一边忙里偷闲地扒两口早饭。因为过不了多长时间，她还得赶着送孩子上学、送丈夫上班。等大人孩子都走了，她还要刷碗、出去采购家庭用品，回家洗衣服、擦地，准备晚饭……忙完了这些活儿，时间也走到日薄西山的时候了。她揉一揉酸疼的腰，在沙发上靠一会儿就权当休息了。要不了多久，她又得出门去学校接孩子放学，然后把早上的匆忙大致再重复一遍，常常要忙到夜里12点才能睡觉。

她愤愤不平地说，她平时要忙的工作太多了：她承包了家里的各种家务活儿、负责柴米油盐酱醋茶的所有采购，还要接送孩子上学放学去补习班、看着孩子学习做作业……这些琐事她的丈夫一概不管也就罢了，反正现在"丧偶式"育儿的家庭也不少，可是他还偏偏喜欢酗酒。这不，他今天晚上又喝醉了酒，直到深更半夜才想起来回家。一进门，他就嚷嚷着让家里人出来"迎接"他。她怕他吵到孩子，好心央求他压低点儿嗓音说话，谁知他反而更来劲了，不仅声音又高八度，还不分青红皂白地就对她破口大骂，最后还借着酒劲打碎了家里不少碗和盘子，吓得孩子躲在被子里直哭。

她满腹幽怨地说，她可是B大英语专业研究生毕业，毕业的时候，有多少体面多金的工作机会一片一片地铺在她眼前任她采撷，可她当初为了能全心全意地照顾家庭，就放弃了那些她本该唾手可得的一切。她说，她辛辛苦苦给全家人当牛做马，她为了婚姻和家庭，放下了少女固有的爱美和娇惯，"洗手作羹汤"，帮助丈夫带孩子、做饭、做家务……她以为丈夫应该会像谈恋爱时一样对她的牺牲满心感激，谁知道，现在的他却对她的付出毫不领情，反而开始认为她原本就是一个只能吃闲饭的窝囊女人，而他才是她的大救星。

她在电话里掰着手指头跟我计算，上大学的时候，她的丈夫为了追到她送过多少次玫瑰、请她吃过多贵的餐厅、带她去过多少次风景极美的地方旅行。可是现在，他就好像完全忘记了跟她的山盟海誓。她说，她的丈夫一次又一次以开会应酬为借口在外酗酒不归，她忍了；丈夫一次又一次忘记她和孩子的生日、他们的结婚纪念日，她也忍了；可如今丈夫对她和孩子越来越冷淡，甚至开始有了借酒家暴的倾向，她真的不知道还要不要再忍下去。

说着说着，她又开始下定决心了。她说她要从现在起洗心革面，把现在这乱七八糟的日子重新来过。她说她这一次肯定要跟丈夫离婚，再不济也得让他同意她出去工作，让他知道她的价值。她说她不是没有能力，她也不是非得靠一个男人才能过活。她越说越兴奋，最后干脆斩钉截铁地跟我宣告——她明天就要跟丈夫提出离婚，她自己一个人也一定可以过得更好。

是啊，我相信她自己一个人也可以过得更好。但是我也知道，她的生活根本不会因为这场宣言发生任何改变。到了明天，等到清晨时分，她依然会变回那个任劳任怨的贤妻良母，为了她心目中的"幸福"不停忍耐退让、牺牲自己。她不惜一切说服自己"家人最重要"，把自己的包容力发扬到无限大，只为了继续和这个已经不懂得珍惜她和欣赏她，甚至已经不再爱她的人维系一个早已摇摇欲坠的家庭。

我多么希望她有一天能够明白，家庭固然很重要，可是一个由怨妇和怨夫组成的家庭、一个毫无爱意只有责任的家庭，真的还值得她付出吗？

亲爱的，在努力维系一个幸福的家庭之前，你真的应该先学会爱惜你自己。

如果你有一个深深爱着的人，而对方也同样爱着你，那你大可以把对方放在与你自己同等重要的地位上，认真地为对方付出。

但如果有一天，他把对你的这份爱消磨殆尽的时候，你就应该及时做出反应，考虑及时止损、抽身而退。如果你仍然把一个已经不再爱你的人看得和自己一样无可替代，那么你对他的爱，就会变成对自己的伤害。你爱得越深，就伤得越狠。

美国心理学家斯科特·派克在《少有人走的路》中说："真正和谐的夫妻关系不是一方放弃自己去迁就另一方，而是双方各自保持自己的独立性，在彼此的帮助下共同实现各自的理想和目标。"

我认识的大多数女子都太懂得爱别人，也太懂得在爱情里包容和忍让，却偏偏不懂该怎么爱自己。

她们甘愿为了爱情放弃自己原本的人生追求，甘愿为了丈夫和孩子放弃提升自己的想法。她们歌颂"飞蛾扑火"式的爱情，歌颂"割肉饲虎"般的付出，她们觉得自己就像晚间八点档的悲情电视剧女主角一样，恨不得立刻就拿上麦克风对心中的男主角歌唱一曲："像我这样为爱痴狂，到底你该怎么想。"

可生活毕竟不是电视剧。如果一个人不再爱你，哪怕你为了对方移山填海，你所能感动的也只有你自己而已。

我真的不想看到你年华老去时满身伤痕的样子，我也真的不想看到你逢人就捧出一颗真心，把自己变得卑微又廉价的样子。憧憬着完美爱情的女子啊，你何必把自己未来的幸福全部寄托给别人？在开始投入一份感情之前，你真的应该先学会好好爱你自己。

　　愿你，无论什么时候都要记得对自己好一点。记住，这个世界上你最珍贵。

我爱你，
不如我"耐"你

在日本的时候，我在一次外事活动当中认识了现在的好哥们地瓜。

地瓜和他青梅竹马的女朋友小魔女相恋8年，双双赴日工作。为了方便小魔女上下班，他们俩商量之后，在小魔女就职的公司附近租了一套房子住。地瓜刚搬完家，我们几个"狐朋狗友"就带着酒菜过来庆祝，想给他一个惊喜。谁知，地瓜一见我们来了，第一反应居然是赶紧把我们推出了大门。

出了门，地瓜才压低了嗓音说："搬了一天东西，我家那小魔女刚才累得睡着了，我怕咱们进去会吵到她。"

我们几个人识趣地点点头，把手上的酒菜和礼物放在地上就走。后来，地瓜又找了一个机会主动请客吃饭。在那次饭局上，我才第一次亲眼见识了那位被地瓜捧在手心里宠的小魔女。

说起小魔女，那可真是我们朋友圈里赫赫有名的人物。但凡识地瓜者，只要提及"小魔女"的大名，真可谓是无人不知、无人不晓，人送外号"作神"。若是把小魔女的事迹全部罗列出来，绝对可以成为一部培养"男德"的训夫宝典。因此，在此为广大男性同胞着想，我仅部分举例，以供参考。

大学时代的小魔女经常熬夜玩网游，即便上班之后也经常来不及吃早饭，更想不起来带午餐便当。地瓜就主动承担起做早饭的任务，每天5点就起床，帮小魔女做好每天的爱心便当。

身为南方人的小魔女很爱吃，也很会吃。地瓜就在手机里备注了整个城市里最有名、最好吃的中餐馆及其招牌菜，随时准备带小魔女大快朵颐。

小魔女熬到深更半夜时，突然想吃点什么零食点心。地瓜就马上从被窝里爬起来，跑到附近的7-11便利店里买给她。幸好，小魔女他们租的房子在一楼，便利店离家的距离也不算很远。否则在大半夜只穿睡衣出门的地瓜极有被当成夜行变态抓起来的风险。

小魔女跟地瓜在日本结了婚，此后，憨厚老实的地瓜更是把小魔女宠上了天——小魔女不愿意做家务，地瓜就一个人把家务活儿全包了；小魔女若是生了病，地瓜就像中世纪的骑士一样日夜守在床边照料；小魔女晚上睡觉时容易做噩梦，地瓜就每晚给她讲睡前故事，等到她睡熟了他才休息……

我们常常忍不住打趣地瓜："你上辈子一定是欠了小魔女好多钱，所以这辈子才要忍受她各种折磨来还债。"

地瓜却郑重其事地说："因为我爱她，所以我为她做什么都不觉得辛苦。其实小魔女也在为我改变，现在她已经戒了网游，也开始认真学着做家务了。她还记下了我的所有饮食习惯，正在为我学做菜呢！一想到我们两个人都在为我们共同的未来而努力,我就会感到特别幸福。"

我记得小时候,父亲脾气特别暴躁,而且还爱喝酒。他经常晚上下班回家,一时兴起就把熟睡中的我和母亲从床上拽起来,对着我们一通高谈阔论,从中国上下五千年谈到中国第一颗原子弹爆炸,不聊到尽兴绝不休息。

小时候的我心里总是因此愤愤不平,可是温顺的母亲却总能默默接受父亲的不着边际的醉话,从来不和父亲发生争吵。我以为是因为母亲的性格太懦弱,才不懂得反抗"霸权"。反观母亲,她似乎从来没有觉得父亲是在伤害她。无论父亲跟她磨烦多久,她的态度总是温和的。我从没见过像我母亲那样有耐心的人,她仿佛能无限地包容父亲和我的所有缺点,事实也确实如此。我的母亲一直操持着家里的大小事务,把我跟父亲照顾得舒舒服服。

我曾经很不理解母亲对父亲的耐心,直到长大了,我才明白其中的道理:母亲的所有忍耐并非源于懦弱的性格,而是出于对父亲和我的深厚爱意。

在母亲的提醒下,我终于开始放下偏见观察父亲。我发现:虽然父亲在喝醉时常常对母亲大呼小叫、胡言乱语,但是在平时,只要不加班,父亲就会在回家后主动跑前跑后地帮母亲做饭、做家务;虽然父亲经常在外地出差,但他会记得给母亲带回来整箱的纪念品和特色小吃;虽然父亲的工作很忙,很少有时间兼顾家里,但他会清楚地记着母亲的生日和他们的结婚纪念日,还会在情人节时悄悄给她准备红酒和玫瑰花……

母亲对我说，爱的感觉是骗不了人的，即使再想伪装自己的心，爱与不爱，也会在生活的每一个点滴里表现出来。父亲每次把挣到的钱交给母亲时，眼里总是溢满了自豪和幸福。而母亲每每在跟外人提到父亲时，眼神里总是荡漾着满满的笑意、暖意。

后来，退休后的父亲在母亲的帮助下彻底戒了烟酒。一向不爱出门的母亲也在父亲的影响下，开始跟他一起筹划着出国旅行。

身在异国他乡时，每次看着父母的照片，我似乎都能听见他俩在对彼此诉说着这世上最真实和珍贵的情话。

"虽然你喜欢喝酒，喝醉后酒品还不太好，但我知道你是真心爱我，所以我愿意忍耐你的缺点，帮助你一起克服恶习。"

"虽然我嗜酒如命，但我知道我酒品不好，喝醉了会影响你、伤害你。所以我愿意忍耐你对我的约束，与你同心协力解决我的问题。"

"因为我爱你，所以我'耐'你。"

"爱"究竟是什么？

年少时的我们总是不解其意，等到长大了才会开始明白——"爱"这个字，其实细细看进去，分明是一个"耐"字。

因为我"爱"你，所以我"耐"你。

这世上从来没有完美的人，每个人都有缺点。当我们未尝恋爱滋味时，我们总喜欢给自己未来的另一半定下各种指标。可是当我们真的爱上一个人时，我们就会茅塞顿开：在一个正确的人面前，所有的标准都会变得不再重要。

真正的爱情自有一种魔力。它会让所有拥抱它的人都情不自禁地放弃一部分自己——这并非不是一件好事，它是为了让你的心灵腾出一些空间，让另一个人住进你的心里。

愿意为了另一个人而改变自己是一个双向的过程。当你为了对方激发出自己全部的雅量，包容了对方的所有不足时，如果对方也同样爱你，那么他一定也会愿意在你的陪伴下，与你一起进步、共同成长。

相信我，真正完美且合适的爱情，一定会有一个双赢的结果。

尚未尝过陈年爱情滋味的年轻人可能要追问了——究竟什么样的爱情才能抵过岁月、长久保鲜呢？

在很多人看来，爱情就是：在风和日丽、草长莺飞的某一天，我被你的一些特质深深吸引，于是我爱上了你。括弧——我爱上了你的美貌、你的身材，你坐在树荫下抱着吉他弹唱时的忧郁气质，你在篮球场上一跃腾空、反手扣篮时的阳光潇洒……怎奈大好年华终究会老去，那些曾经令人一见倾心的耀眼之处，也终究难逃被岁月和习惯磨去光华。于是，这些建立在"括弧"上的爱情也就走到了尽头。

所以，我"爱"你所有的光鲜，常常只是一瞬；我"耐"你所有的缺点，才是一生。

一生那么短，与其费力相爱相杀，不如共同努力，成为更好的彼此。

若想天长地久，与其说我"爱"你，不如说我"耐"你。

错误的爱，
应及时止损

诗诗家境优越，父亲是大学教授，母亲是医生。诗诗从小就接受了良好的教育，琴棋书画无所不能，再加上本身气质出众，上大学时是当仁不让的校花。追求诗诗的人成群结队，可最终令大家跌破眼镜的是，在众多高富帅的追求者中，诗诗竟然相中了总是默默无语的家境贫寒的丁南。丁南出生在农村，他是家里唯一上大学的人，所以他异常刻苦，成绩总是名列前茅，四年来一等奖学金全部被其收入囊中，是同学中的佼佼者。两人的结合真可谓郎才女貌，是当时校园里一道亮丽的风景线，着实羡煞了许多人。

毕业后两个人顺理成章地结了婚。因为丁南家里经济条件不好，诗诗的父母很体谅他，所以从婚房到嫁妆，全部由诗诗一家出钱出力。诗诗的父母并不图钱，只是看中了丁南的憨厚老实，没有城里人那么多的油腔滑调。他们就诗诗这么一个宝贝女儿，只求女婿能对女儿好，这就足够了。他们无条件地接纳了丁南，并且在生活各方面都对他们给予帮助，婚后的二人世界很是浪漫和温馨。

一年后他们的孩子出生，诗诗的父母忙于工作，孩子没有人带，所以婆婆就从乡下过来帮忙带孩子。诗诗的婆婆是地道的农民，和城里人的习惯大相径庭。虽然诗诗与婆婆格格不入，但她努力去适应和改善。让人无法容忍的是婆婆根深蒂固的封建思想，也许是"多年媳妇熬成婆"的思想意识吧，婆婆认为作为家里的媳妇应该围着锅台转，伺候老公和孩子才是天经地义的大事，她对自己儿子在厨房忙里忙外、做饭做菜的行为极其不满。婆婆不止一次提醒自己的儿子，咱们祖祖辈辈，咱们家的男人从不进厨房。丁南总是一笑了之。诗诗为了讨好婆婆，也去厨房帮忙，给老公打下手，学着做菜。为了一家人的和睦，诗诗逐渐放下大小姐的脾气，尽力做家务，谁不希望自己的家庭美满和睦呢？

　　春节时诗诗给父母和婆婆都送了价格不菲的礼物，没想到婆婆又不高兴了："一套内衣好几百，这样不知节俭，将来怎么能过好日子？简直太铺张浪费了！"诗诗真的好委屈，跑去向老公诉苦。丁南却说："我妈岁数大了，你就多让着她点儿，以后多买些物美价廉的东西。"类似这样的事情数不胜数，婆婆从未真正接受过诗诗的好意，最终都是以诗诗的忍让罢休。

　　春节刚过，丁南老家的堂兄来了，他听说城里打工好赚钱，要托丁南给他在城里找份工作，一家三口就这么理所当然地在诗诗家里住下了。从此诗诗的家里成了丁南老家人的救助站，时不时就会有远房亲戚过来投奔丁南，不仅供吃住，还要赞助钱。诗诗刚开始还能容忍，怎奈事情越演越烈。有一次丁南的小侄女竟然拿着诗诗的口红当起了彩笔,在墙上涂鸦。诗诗下班回家后见此情形,肺都要气炸了,那可是她托人从法国带回的名牌口红啊!诗诗心疼不已!当晚,诗诗与丁南爆发了前所未有的、最为激烈的一次争吵。

"这个家我是待不下去了!要我就没他们,要他们就没我!我们家不是收容站,不是这些亲戚的避难所,他们出去住旅馆不行吗?你不是救世主,什么忙都能帮,别再打肿脸充胖子了好吗?"

丁南也不示弱:"当初我家穷,二大爷、三叔、四姑他们都齐心帮助我家,渡过一次次难关。现在我的日子好过了,他们有求于我,我怎么能对他们的后代置之不顾?这么做还有良心吗?"

诗诗说:"你的心情我能理解,帮忙我也不反对,但凡事都得有个度,不能超出那个极限,人的忍耐力也是有限的……"

两个人越吵越凶,寸步不让,最后丁南气极了,给了诗诗一巴掌。

诗诗震惊了!

婆婆闻声进来,不仅不去责怪儿子,反而斥责诗诗的不对。婆婆说:"在我们老家,男人从来都是说一不二的,作为媳妇,永远不能对丈夫还嘴。"她还教育儿子:"女人是'三天不打,上房揭瓦'。"在婆婆的参与下,夫妻间从每日小吵升华到了大吵,终于闹到了离婚的地步。那一刻,诗诗对这个家已没有一丝丝的留恋,她这些年在婚姻上早已耗尽了所有力气,她再也不能容忍下去了，毅然决然地带着孩子彻底走出这个令她伤心欲绝的家。

经历了这场失败的婚姻，诗诗终于醒悟：她与丁南的思想观念和处世风格几乎都是相冲突的，既然谁都无法说服谁，谁也改变不了谁，就不如早些放手。

人生一场，谁都不是圣人，我们难免会走错路、爱错人。最初的选择，谁都不知道最终会是怎样的结果。上错了车，千万不要因为投了币而不肯下车，因为那样只会错过更多的车站，错过人生更多美丽的风景！